세계지리를 보다

세계지리를 보다 1

1판 1쇄 발행 2012년 7월 25일
1판 13쇄 발행 2022년 3월 16일

지은이 박찬영, 엄정훈 **펴낸이** 박찬영 **편집** 안주영, 황민지, 박일귀, 임채혁
그림 문수민, 김우리 **마케팅** 조병훈, 박민규, 최진주 **디자인** 이재호, 이은정, 한은경
발행처 (주)리베르스쿨 **주소** 서울특별시 성동구 왕십리로 58 서울숲포휴 11층
등록번호 제2013-16호 **전화** 02-790-0587, 0588 **팩스** 02-790-0589 **홈페이지** www.liber.site
커뮤니티 blog.naver.com/liber_book(블로그), www.facebook.com/liberschool(페이스북)
e-mail skyblue7410@hanmail.net **ISBN** 978-89-6582-042-0(세트), 978-89-6582-043-7(14980) ⓒ pcy, 2012

리베르(Liber 전원의 신)는 자유와 지성을 상징합니다.

세계지리를 보다

1

세계 자연·인문 환경
아시아

(주)리베르

머리말

『세계지리를 보다』는 여행자의 눈으로 바라본 세계 지리 책입니다. 세계의 다양한 자연환경과 그 속에서 살아가는 사람들의 모습이 이 책 속에 파노라마처럼 펼쳐져 있습니다. 이는 지도와 사진 속으로 빠져들게 해 마치 직접 체험한 듯한 느낌이 들게 합니다.

어렸을 때는 세계 지리를 세계의 기후와 지형, 농업, 공업, 지하자원 등과 관련된 지명 및 통계 자료, 그래프 등을 분석하고 암기하는 과목이라고 생각했습니다. 시험을 위해서 특정 도시와 국가의 지형, 기온과 강수량, 원자력과 석유 소비 비중 등을 파악해야 했습니다. 그게 세계 지리의 전부라고 생각했습니다.

하지만 그게 전부가 아니었습니다. 특정 지역의 지형과 기후는 그 지역에서 살아가는 사람들의 생활 양식에 영향을 크게 미친다는 점과 더불어 해당 지역의 산업 활동과도 연관성이 깊다는 점을 놓치고 있었던 것입니다. 맥락을 이해하고 나니 "아, 그래서 이런 거구나!"라는 말이 저절로 나왔습니다. 그 지역에 대해 더 알아보고 싶은 흥미 또한 저절로 일어났습니다.

세계 지리는, 세계를 상대로 꿈을 펼치고자 하는 사람은 물론 지구촌 일원으로 살아가는 우리 모두에게 반드시 필요한 과목입니다. 오히려 세계 지리는 세상을 살아가는 데 필요한 상식에 가깝습니다. 지리는 우리 주변이나 우리가 부딪혀야 할 곳에 관한 이야기이자 그곳에 사는 사람들을 잘 이해할 수 있게 도와주는 이야기이기 때문입니다. 『세계지리를 보다』는 이

런 생각에서 출발했습니다. 단순 암기가 아닌 세계에 대한 이해와 존중을 바탕으로 우리가 더불어 살아야 하는 지구촌을 보여 주고 싶었습니다. 우리가 밟고 있는 아름다운 땅 지구와 그 위에서 사는 사람들에 대해 생생하게 이야기하고 싶었습니다.

오랫동안 세계 여러 나라에 직접 가 보았습니다. 여행하면서 아름답고 재미있는 것과 우리가 살아가는 데 필요한 것 등을 유심히 살펴보았습니다. 이 과정에서 지구촌처럼 흥미진진한 것이 없다는 사실을 깨달았습니다. 이 깨달음을 혼자 간직하고 있기에는 너무 아까워 지구촌 이야기를 담은 책을 만들어 보겠다고 생각했고, 여러 차례의 세계 답사 여행에서 경험한 세계 지리의 현장을 이 책 속에 담게 된 것입니다.

『세계지리를 보다』는 세계 곳곳의 현장에서 직접 보고, 듣고, 만지고 있는 듯한 느낌이 들 수 있도록 생생한 이야기와 사진, 지도와 그림으로 구성되어 있습니다. 이 책을 읽고 나면, 세상을 다 돌아보고도 열쇠고리 외에는 남는 게 아무것도 없는 여행자와는 달리 세계 여러 지역을 속속들이 이해하는 것은 물론이고 세계를 꿰뚫어 볼 수 있는 안목까지 기를 수 있을 것입니다.

지은이 씀

차례

1장 세계의 자연환경과 인문 환경

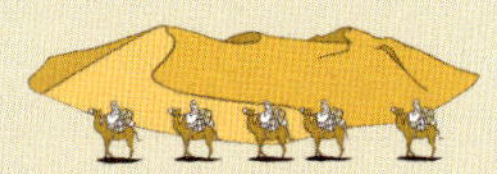

2장 우리나라의 주변 국가들

FUJIYAMA

 **3장 개발에 활기를 띠는 동남 및 남부 아시아**

생각해 보세요 불교가 탄생한 인도에 불교도가 적은 이유는 무엇일까요?

세계의 자연환경과 인문 환경

　　소설 『어린왕자』에서 어린왕자는 여섯 번째 별에 사는 지리학자를 만나 이런 이야기를 듣게 됩니다.

　　"지리책은 모든 책들 중 가장 귀중한 책이야. 지리책은 유행에 뒤지는 법이 없지. 산이 위치를 바꾸는 일은 매우 드물거든. 바닷물이 비어 버리는 일도 매우 드물고. 우리는 영원한 것들을 기록하고 있는 거야."

　　그런데 이 지리학자는 직접 가 보지는 않고 남의 말만 듣고 지리책을 쓰는 사람이었어요. 여러분은 이 지리학자의 말을 어떻게 생각하세요? 정말 지리책은 영원히 변하지 않을까요?

　　중국 옛 속담에 '상전벽해(桑田碧海)'라는 사자성어가 있습니다. 뽕나무 밭이 푸른 바다로 바뀌었다는 말로 세상이 원래의 모습을 알기 어려울 정도로 많이 변했다는 뜻이지요. 지도를 보면 땅, 바다, 강, 호수가 항상 그 모습 그대로 남아 있을 것 같지만 실제로 계속 변하고 있어요. 지구는 살아서 움직이기 때문이지요.

　　세계의 자연환경은 다양한 모습으로 나타납니다. 자연환경의 주요 요소인 기후, 지형, 식생, 토양은 인간의 삶에 많은 영향을 미치고 있어요. 세계 여러 지역의 인문 환경은 사람들이 이러한 자연환경에 순응하거나 극복함으로써 나타나는 생활 양식이라 할 수 있지요.

스웨덴
노르웨이
핀란드
폴란드
독일
우크라이나
프랑스
스페인
이탈리아
터키
카자흐스탄
투르크메니스탄
이란
아프가니스탄
파키스탄
모로코
알제리
리비아
이집트
사우디아라비아
수단
세네갈
나이지리아
에티오피아
소말리아
콩고
탄자니아
앙골라
마다가스카르
남아프리카공화국
러시아
몽골
중국
대한민국
일본
인도
미얀마
타이
스리랑카
말레이시아
인도네시아
필리핀
파푸아뉴기니
북극해
알래스카
캐나다
미국
멕시코
쿠바
대서양
태평양
인도양
콜롬비아
페루
브라질
볼리비아
칠레
아르헨티나
오스트레일리아
뉴질랜드
남극해

1 우주에서 바라본 지구 | 지구의 겉모습

지금은 지구가 둥글다는 사실에 반대할 사람이 아무도 없을 거예요. 만약에 지구가 직육면체나 원기둥 모양이라고 주장하는 사람이 있다면 '저 사람은 머리가 이상한 게 틀림없어'라는 말을 들을지도 모릅니다. 그런데 아주 오랜 옛날, 사람들 대부분은 지구가 둥근 것이 아니라 눈에 보이는 그대로 평평하다고 믿었어요. 게다가 수평선 너머는 낭떠러지이고 그곳에는 무시무시한 바다 괴물이 살고 있어 배를 타고 멀리 나가면 위험하다는 괴소문까지 나돌았지요. 그러나 대항해 시대에 사람들은 직접 배를 타고 세계 일주를 하면서 지구가 둥글다는 사실을 증명해 냈어요. 이제는 우주선을 타고 지구 바깥에서 지구가 어떻게 생겼는지 확실히 볼 수 있게 되었지요.

- 바다는 국제 해양법에 따라 영해, 접속 수역, 배타적 경제 수역, 공해로 나뉜다.
- 원래 하나의 큰 대륙이었던 판게아가 맨틀의 대류 운동에 영향을 받아 현재의 7개 대륙으로 갈라졌다.
- 지구는 대기로 둘러싸여 있는데, 지상에서 높이 올라갈수록 공기는 희박해진다.
- 거대한 불덩이였던 지구는 점차 식으면서 수증기가 물로 변해 바다가 되었고, 땅은 주름져 대륙과 산이 되었다.
- 지구 내부의 중심에는 핵이 있고 그 주위를 맨틀이 감싸고 있으며, 가장 바깥은 지각으로 덮여 있다.

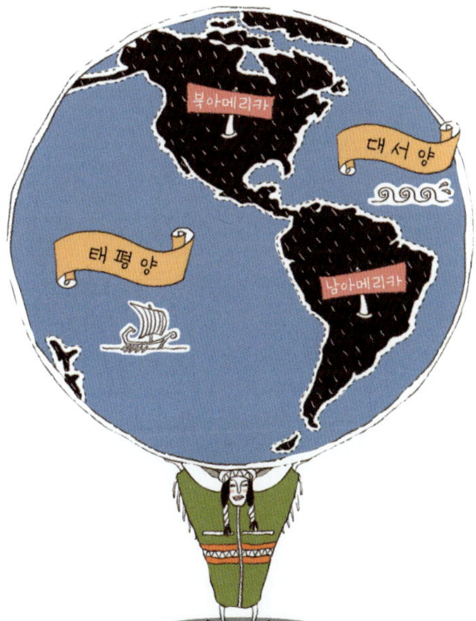

EASTERN HEMISPHERE   WESTERN HEMISPHERE

인공위성에서 지구를 바라보다

지구에서 달을 관찰할 때처럼 우주에서 큰 망원경으로 지구를 바라보면 지구가 공처럼 둥그런 모양이라는 사실을 알 수 있어요. 그렇다고 100% 완벽한 구는 아니지요. 적도를 관통하는 가로 지름의 길이가 이와 수직인 세로 지름의 길이보다 더 길답니다. 지구 위를 보면 푸르스름한 바탕 위에 얼룩덜룩한 판 덩어리 두 개가 보이고, 반대편에는 이보다 두 배나 큰 판 덩어리 네 개가 보일 거예요. 이것이 바로 육지인데, 커다란 육지라 해 '대륙'이라고 부르지요. 푸르스름한 바탕은 바로 바다랍니다.

지구가 자전해 그 반대편이 태양 빛을 받을 때까지 기다리면 아시아, 유럽, 아프리카, 북아메리카, 남아메리카, 남극, 오세아니아 등 7개의 대륙이 연이어 보입니다. 아시아 대륙과 유럽 대륙을 합쳐 유라시아 대륙이라고도 불러요. 여러 대륙 중 아시아 대륙이 가장 크고, 오세아니아 대륙이 가장 작습니다. 그런데 왜 북극은 대륙이라

서반구와 동반구

본초 자오선(경도 0°)을 기준으로 서쪽의 반구를 '서반구', 동쪽의 반구를 '동반구'라고 한다. 서반구에는 북아메리카와 남아메리카가 있고 동반구에는 유럽, 아시아, 아프리카, 오세아니아가 있다.

고 부르지 않을까요? 얼핏 보면 남극과 북극에는 거대한 빙하가 떠 있는 것 같지요. 하지만 실제로 남극은 대륙 위에 눈이 쌓인 것이고, 북극은 대륙이 아닌 바다가 얼어서 만들어진 빙하가 떠 있는 거예요. 그래서 북극 지역은 대륙이 아닌 북극해라고 부릅니다.

지구는 반으로 쪼개어 구분하기도 합니다. 반으로 쪼갠 구를 반구라고 하는데, 적도를 중심으로 '북반구'와 '남반구'로 나눌 수 있어요. 영국의 그리니치 천문대를 지나는 본초 자오선(경도 0°)을 기준으로 서쪽의 반구를 '서반구'라고 하고 다른 한쪽을 '동반구'라고 하지요. 서반구에는 북아메리카와 남아메리카 대륙이 있고 동반구에는 아시아, 유럽, 아프리카, 오세아니아 대륙이 있어요.

지구의 꼭대기와 맨 아래는 극지방(Pole)이라고 합니다. 실제로 막대기(pole)가 있는 것은 아니에요. 가상의 막대기를 축으로 해 지구가 자전하기 때문에 이름 붙여진 것이랍니다.

지구에서 육지를 뺀 나머지 부분은 모두 바다입니다. 대륙을 감싸

지구의 크기

지구의 원주는 약 4만km고, 직경은 약 1만 3,000km다. 태양계에서 지구는 다른 행성들에 비해 작은 행성에 불과하다. 왼쪽부터 태양, 수성, 금성, 지구, 화성, 목성, 토성, 천왕성, 해왕성이다.

는 큰 바다를 대양이라고 하지요. 대양은 장벽이나 울타리로 뚜렷이 나뉘어 있지는 않지만 대양마다 다른 이름이 붙어 있어요. '대서양' 은 북아메리카와 남아메리카의 동쪽에 자리 잡고 있습니다. '태평 양'은 아메리카 대륙 서쪽에 있지요. 동반구를 덮고 있는 대양은 '인 도양'이고요. 지구 꼭대기에는 '북극해'가 있고 남쪽 끝에는 '남극 해'가 있답니다. 북극해와 남극해는 온통 얼음으로 덮여 있어요. 기 온이 몹시 낮아서 바닷물이 늘 얼어 있기 때문이지요.

태평양, 대서양, 인도양, 북극해, 남극해를 5대양이라고 합니다. 흔히 5대양 6대주라고 하는데, 6대주는 7개의 대륙 중 사람이 살지 않는 남극 대륙을 뺀 나머지를 가리켜요. 5대양 중에서 가장 큰 태 평양은 바다 전체의 약 46%를 차지하지요.

지구를 그릴 때 꼭 북아메리카를 위에 그려야 하는 것은 아닙니 다. 지구는 위아래 구분이 없으므로 위아래를 뒤집어 놓아도 되고 옆으로 돌려놓아도 상관없어요. 북쪽이 항상 위에 보이도록 지도를 만든 이유는 지도와 지리책을 만든 사람들이 모두 북반구에 살고 있 어 자기네 세계를 위에 놓고 싶었기 때문이랍니다.

화성의 표면

화성 탐사선이 찍은 화성의 모습 이다. 화성에서는 다량의 얼음이 발견되었고 생명체가 존재할 가 능성이 제기되고 있다. 화성을 지 구의 과거와 미래로 보는 과학자 들도 있다.

여러분은 혹시 '우리가 사는 지구 말고 다른 지구가 있을까?'라는 의문을 품어 본 적이 있나요? 실제로 우리가 살고 있는 지구와 똑같은 지구가 우주에 또 존재한다고 생각하는 사람이 있어요. 어쩌면 밤하늘에 빛나는 별 중 하나는 우리 같은 사람들이 사는 또 다른 지구일지도 모릅니다. 하지만 누구도 이 사실을 확신하지는 못해요. 성능이 아주 뛰어난 망원경으로도 반짝이는 별 속에 무엇이 살고 있는지 관찰할 수는 없으니까요. 우리는 그저 추측만 할 뿐이지요.

거대한 물탱크의 주인

세상의 모든 강은 바다로 흘러갑니다. 바다는 이 세상의 모든 물을 담았다가 하늘로 올려 보내는 거대한 물탱크지요. 세상의 바다는 모두 연결되어 있기 때문에 사실상 하나예요. 그렇다면 이 거대한 물탱크의 주인은 누구일까요?

국제 해양법이라는 것에 따르면 바다는 영해, 접속 수역, 배타적 경제 수역, 공해로 나누어져요. 영해는 해안선에서 12해리(약 22km)

까지의 바다를 말합니다. 영해에는 연안국의 주권이 미치므로 다른 나라의 어선이 마음대로 고기잡이를 할 수 없어요. 다만 평화를 해치지 않는 한 외국 선박이 자유롭게 항해할 수 있답니다.

접속 수역은 해안선에서 24해리(약 44km)까지의 바다를 말해요. 해당 국가와 기관의 법적 승인이 없이 몰래 다니는 배(밀항선)나 세관을 거치지 않고 몰래 물건을 사들여 오거나 내다 파는 데에 쓰는 배(밀수선)의 침입을 막기 위해 연안국이 필요한 규제를 할 수 있는 바다의 구역이지요.

배타적 경제 수역은 해안에서 200해리(약 370km)까지의 바다를 말합니다. 이 해역에서는 연안국이 어업, 석유와 천연가스의 채굴 등을 할 수 있는 경제적 주권을 행사할 권리가 있어요. '배타적 경제 수역'이라는 말에는 '자기 나라의 연안으로부터 200해리까지의 모든 자원에 대해 경제적 혜택을 독점한다'는 의미가 담겨 있지요.

자, 이제는 여러분도 바다의 주인이 누구인지 짐작할 수 있을 거예요. 그런데 바다에는 주인이 있는 곳도 있지만 공해처럼 주인이 없는 곳도 있답니다. 공해는 배타적 경제 수역 바깥에 있는 바다를

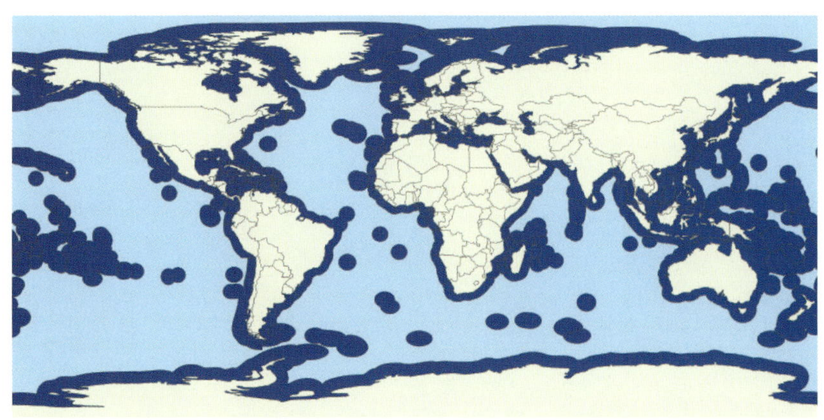

세계의 배타적 경제 수역
짙은 푸른색 부분이 각국의 배타적 경제 수역에 해당한다.

의미합니다.

세계에서 가장 큰 바다는 태평양이라고 했지요? 그런데 오늘날 태평양은 점점 좁아지고 있고 대서양은 점점 넓어지고 있어요. 도대체 어떻게 된 일일까요? 지구상의 육지는 원래 한 덩어리였는데, 지각 변동을 거듭하면서 지금처럼 여러 대륙으로 나뉘게 되었어요. 대서양은 아메리카 대륙이 떨어져 나가면서 생겨났지요. 이 활동이 지금도 계속되고 있어 실제로 매년 4~10cm씩 넓어지고 있다는 사실이 확인되었어요.

대서양 중앙의 바다 깊숙한 곳에는 지각 변동으로 산맥이 솟아오르고 있다고 합니다. 자연히 산맥 양쪽이 밀려나 유라시아 대륙과 아메리카 대륙의 거리가 넓어지고 있는 거예요.

태평양에는 깊고 긴 구멍처럼 되어 있는 해구가 있습니다. 해구에 해저의 암반이 서서히 가라앉으면서 아메리카 대륙과 우리나라의 거리는 조금씩 좁아지고 있어요. 이런 활동이 계속되면 언젠가는 아메리카 대륙과 한반도가 붙어 버리는 날이 오지 않을까요?

5대양 6대주는 어떻게 만들어졌을까?

지금은 지구의 땅덩어리가 5대양 6대주로 갈라져 있지만 약 3억 년 전에는 하나의 땅덩어리와 하나의 바다만 있었어요. 이 땅덩어리를 '판게아'라고 하고, 판게아를 둘러싼 바다를 '판탈라사'라고 불렀지요. 이 판게아가 여러 조각으로 갈라져 오늘날과 같은 육지의 모습을 갖추게 되었어요. 거대한 땅덩어리인 판게아가 조각날 수 있었던 것은 지각 밑에 있는 맨틀의 대류 운동 때문이랍니다. 지구의 내부에서 뿜어져 나오는 열 때문에 맨틀이 뜨거워지면서 대류 현상이 나타나요. 뜨거운 공기는 위로 올라가고 찬 공기는 아래로 내려가는 이치지요. 그래서 그 위에 얹혀 있는 지각도 덩달아 움직이게 된답니다. 그렇지만 워낙 서서히 움직이다 보니 수억 년에 걸쳐 이러한 과정이 진행되었어요. 맨틀 위에 얹힌 지각은 여러 개의 조각을 이어 놓은 것처럼 되어 있습니다. 이 하나의 조각을 '판'이라고 부르지요. 이 판이 맨틀을 따라 움직이면서 서로 부딪히기도 하고 멀어지기도 하면서 현재와 같은 5대양 6대주가 만들어졌답니다.

지구를 품은 대기의 바다

지구는 '대기의 바다'로 완전히 덮여 있습니다. 바닷물이 바닷속의 모든 것을 감싸듯이 대기의 바다가 지구의 모든 것을 덮고 있지요. 하지만 대기의 바다는 지구의 표면만을 감쌀 뿐이지, 하늘 전체를 다 채우고 있는 것은 아닙니다. 인간과 동물은 이 대기의 바다 밑에서 살고 있어요. 물고기를 물에서 꺼내면 곧바로 죽어 버리듯이 누군가가 우리를 대기의 바다 밖으로 꺼낸다면 우리도 역시 금방 죽어 버릴 거예요. 대기층은 바닥에 가까울수록 공기의 농도가 짙어지고 바닥에서 멀어질수록 그 농도가 옅어지거든요.

　이런 이유 때문에 비행기는 무한정 높이 올라갈 수 없어요. 비행기를 떠받치는 동시에 프로펠러로 밀어내며 앞으로 나아갈 공기가 있어야 하는데, 너무 높이 올라가면 공기가 희박해지기 때문이지요. 그래서 비행기는 대기가 없는 더 높은 하늘 위로는 올라갈 수 없어요. 이것은 바다를 항해하는 배가 수면 위로 떠올라 허공을 날 수 없는 것과 같은 이치랍니다.

　하지만 대기의 바다를 뚫고 솟아올라 높이 서 있는 산도 있어요. 이런 산의 꼭대기에는 공기가 희박해서 산소를 따로 준비해 가지 않으면 정상까지 오를 수가 없지요.

　공기는 눈에 보이지 않습니다. 흔히 공기를 볼 수 있다고 착각하지만 실제로 우리 눈에 보이는 것은 연기나 구름이지 공기가 아니에요. 공기가 움직이는 것이 바람입니다. 바람은 모자가 날아갈 때나 문이 쾅 닫히고 바람 소리가 날 때에만 느낄 수 있어요. 어떤 경우에도 공기 자체를 볼 수는 없답니다.

대기층 분류
지구를 둘러싸고 있는 대기는 그림과 같이 높이에 따라 몇 개의 층으로 나눌 수 있다.

지구도 자란다!

지구가 늘 지금과 같은 모습이었던 것은 아닙니다. 한때 지구는 활활 타오르는 거대한 공 모양의 불덩이에 불과했어요. 수백만 년 전에는 어떤 생명체도 지구에서 살 수 없었지요.

그러다가 불덩이가 서서히 식으면서 불이 꺼지고 뜨거운 바윗덩어리만 남게 되었어요. 당시 지구에는 바다는커녕 물이라고는 한 방울도 찾아볼 수 없었지요. 아주 뜨거운 곳에는 물이 오래 남아 있을 수가 없습니다. 뜨거운 난로 위에 물을 떨어뜨리면 금세 수증기로

변해 날아가는 것처럼 말이에요.

결국 수증기로 이루어진 구름만이 지구를 감싸고 있었습니다. 지구가 서서히 식는 동안 수증기가 물로 변해 비가 되어 떨어졌어요. 이 비가 모여 거대한 대양을 이루면서 지구 전체를 감싸기 시작했지요.

지구는 끊임없이 식고 차가워지면서 줄어들고 오그라들며 주름이 지고 구겨졌어요. 이렇게 땅이 주름지고 구겨지면서 바다 위로 솟아

❶ 뜨거운 난로 위에 물을 떨어뜨리면 수증기로 변해 날아가는 것처럼 아주 뜨거운 곳에는 물이 남아 있을 수 없다.

❷ 지구가 서서히 식으면서 수증기는 비가 되어 떨어졌다.

❸ 비가 모여 하나의 거대한 대양을 이루며 지구 전체를 감쌌다.

❹ 지구는 계속해서 식고 차가워지면서 줄어들고 오그라들며 주름이 졌고, 바다 위로 솟아올라 대륙과 산을 이루었다.

올라 대륙과 산을 이루었으니, 그것이 얼마나 큰 주름인지는 짐작할 수 있을 것입니다.

우리가 아는 것이라고는 대륙판이 들어 올려져 바다에서 솟아 나왔다는 사실뿐입니다. 산꼭대기에서 조개껍데기가 발견되면 그 산이 오래전에 바다 밑에 가라앉아 있었다고밖에 설명할 길이 없지요.

지구의 속살을 들여다보다

호기심 많은 어린 시절, 누구나 땅속 깊은 곳에는 무엇이 있을까 한 번쯤 상상해 보곤 합니다. 누가 이 무거운 땅과 건물, 도로를 받치고 있을까? 나쁜 짓을 한 사람들이 벌 받느라 지하 깊은 곳에서 땅을 들어 올리고 있는 것은 아닐까? 아니면 지하 괴물이 살고 있는 걸까?

그래서 땅을 직접 파 보면 어떨까 하는 생각을 하기도 합니다.

밑으로,

밑으로,

밑으로,

파고 들어가서 지구 반대편으로 뚫고 나오면 궁금증이 확 풀릴 거 같지요? 그러나 아무리 땅을 파도 나오는 건 흙밖에 없어요. 어느 정도 파고 들어가면 단단한 바위가 나와 더 이상 팔 수 없지요. 63 시티의 100배, 아니 그 이상을 파더라도 지구 반대편으로 나오는 건 어림도 없어요. 그렇다면 지구 속에 무엇이 있는지, 지구의 깊이가 얼마나 되는지 알 수 있는 방법은 없을까요?

지구의 깊이를 추정하는 방법은 다음과 같아요. 모든 공은 크기에 상관없이 둘레가 지름의 세 배보다 조금 깁니다. 이것은 직접 실험을 통해 확인할 수 있어요. 예를 들어 사과나 오렌지 같은 둥근 물체의 둘레를 재고 반으로 잘라서 지름을 재 보면 이 사실을 확인할 수 있답니다.

우리는 지구가 거대한 공처럼 둥글다는 사실을 알고 있습니다. 그러니 지구도 다른 공처럼 둘레가 지름의 세 배가 조금 넘는 길이가 되어야 해요. 실제로 재 본 결과, 지구의 둘레는 4만km입니다. 4만

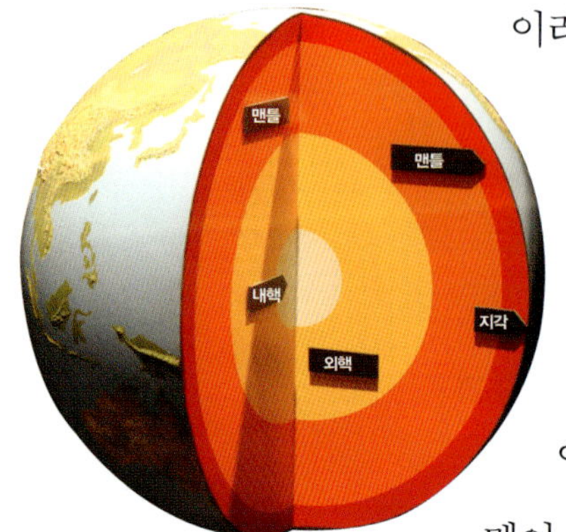

지구 횡단면
지구를 잘라서 속을 보면 지구는 중심부터 내핵, 외핵, 맨틀, 그리고 지각으로 구성되어 있다.

이라면 1만 3,000의 세 배보다 조금 많은 수이므로 지구의 지름은 1만 3,000km여야 맞지요.

지구의 겉은 지각이라는 단단한 껍데기로 둘러싸여 있고 속은 뜨겁습니다. 지구를 뚫고 들어가면 가장 먼저 딱딱한 지층이 나와요. 케이크처럼 여러 층이 겹겹이 쌓여 있는 바위 층은 모래, 조개껍데기, 석탄, 작은 돌멩이 모양의 지층으로 이루어져 있습니다. 지구를 사과처럼 반으로 자르면 왼쪽 그림 같은 모양일 거예요. 이런 그림을 '횡단면'이라고 하지요.

케이크 속 건포도처럼 석탄이 박혀 있는 지층도 있고 금과 은, 그리고 다이아몬드와 루비가 박혀 있는 지층도 있으며, 석유 웅덩이가 들어 있는 지층도 있어요. 사람들은 석유를 퍼내려고 지층을 뚫고 석유 웅덩이에 파이프를 박아 놓습니다. 또 석탄이나 금을 캐려고 광산을 파고 들어가기도 하지요.

바위 맨 밑에는 지층 대신 단단한 바위밖에 없어요. 더 밑으로 내려가면 지구가 점점 뜨거워졌다가 아직 식지 않은 부분이 나오는데, 이곳에서는 바위가 단단하게 굳어 있지 않고 흐물흐물하게 녹아서 마그마로 존재합니다. 이것이 지층을 뚫고 땅 밖으로 나오면 용암이라고 하지요. 난로에 불을 피우면 굴뚝으로 연기가 나오듯이 지구에는 땅바닥에서 연기와 불이 나오는 곳이 여러 군데 있답니다. 이런 곳을 화산이라고 해요. 화산은 지각의 갈라진 틈을 따라 뜨거운 용암과 가스가 분출하면서 만들어진 지형이지요. 🌏

지진이나 화산 활동은 왜 일정한 지역에서만 발생할까요?

2011년 일본, 2010년 칠레와 아이티, 2006년 동남아시아, 2003년 이란 등지에서는 21세기 들어 강력한 지진이 발생했습니다. 특이한 것은 이들 지역은 과거에도 이와 같은 강력한 지진이 발생했던 기록이 있는 지역들이라는 점이에요. 또 모두 환태평양 조산대와 알프스-히말라야 조산대를 따라 분포하고 있는 지역이라는 공통점도 있습니다. '조산대'는 '산이 만들어지는 지대'라는 뜻이에요. 지각이 맨틀 위에서 움직이다 보면 서로 부딪히거나 한쪽이 구겨져 들어가는 지역이 생기게 됩니다. 이런 지역은 대부분 판의 가장자리에 해당되지요. 여기에서는 높은 산이 만들어집니다. 태평양을 둘러싸고 있는 환태평양 지역과, 알프스 산맥에서 히말라야 산맥으로 이어지는 지역이 바로 여기에 해당돼요. 각각을 환태평양 조산대와 알프스-히말라야 조산대라고 부르지요. 이들 지역은 지각이 움직이고 있기 때문에 불안정해 화산 활동이나 지진이 잘 발생합니다. 세계에서 발생하는 대규모 지진들은 대부분 이들 지역에서 발생하는 것이지요.

화산 지대에서 분출하는 용암

2 지형은 어떻게 만들어졌을까? |
세계의 지형

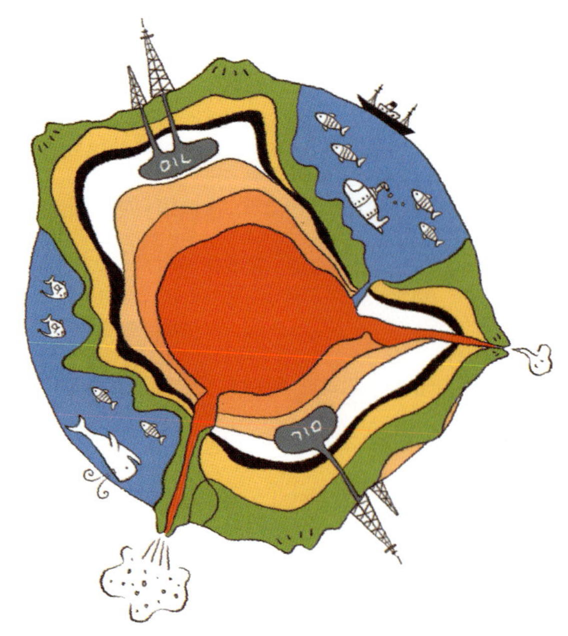

다시, 인공위성에서 지구를 내려다보았을 때를 생각해 보세요. 지구 표면의 여러 얼굴들이 떠오르나요? 푸르스름한 바다가 보이기도 하고 알록달록한 육지도 보이지요. 좀 더 자세히 다가가면 큰 산맥과 작은 골짜기, 너른 평야도 나타날 거예요. 이러한 지구 표면은 여러 가지 요인들로 얼굴 모습을 바꾸기도 한답니다. 지구 안에서 발생하는 힘과 태양으로부터 받는 힘 때문에 말이지요. 거대한 산맥과 고원처럼 큰 규모의 지형들을 대지형이라고 합니다. 세계의 대지형은 크게 대륙과 해양으로 나눌 수 있어요. 대륙은 다시 오래되고 안정된 순상지와 그 바깥에 습곡 작용을 받아 만들어진 습곡 산지로 구분할 수 있답니다. 이외에도 빙하에 덮였던 지형과 사막에서 볼 수 있는 지형 등 다양한 얼굴들을 볼 수 있지요.

- 순상지는 오랜 침식 작용으로 형성된 지형으로 방패를 엎어 놓은 모양을 하고 있다. 대부분의 고원이나 평원이 이에 해당한다.

- 습곡 산지는 횡압력에 의해 형성된 지형으로 세계 주요 산맥이 이에 해당한다.

- 빙하 지형은 빙하가 녹으면서 만들어 놓은 지형으로 빙하호, 호른, U자곡, 피오르 해안 등이 있다.

- 카르스트는 석회암 지대가 물과 만나 화학적으로 풍화되면서 형성된 지형으로 석회 동굴이 이에 해당한다.

- 바다는 규모에 따라 대양과 부속해로 구분되고, 해류는 온도에 따라 한류와 난류로 구분된다.

오랜 침식을 받아 만들어진 땅, 순상지

그럼 먼저 순상지부터 살펴볼까요? 순상지는 약 6억 년 전(시생대~원생대)에 만들어져 오랫동안 깎이면서(침식 작용) 방패를 엎어 놓은 것 같다고 해 붙여진 이름이에요. 대부분 고원이나 평원처럼 오래되고 안정된 육괴를 가리킵니다. 육괴는 주변의 암석보다 견고한 큰 암석 덩어리로 보면 돼요.

순상지 중에 인도의 데칸 고원이나 아프리카 대륙과 같이 전체적으로 솟아올라(융기 작용) 주변이 급경사로 둘러싸인 것을 탁상지라고 합니다. 그리고 두껍게 쌓인 퇴적암 층이 휘거나(습곡 작용) 끊어지지(단층 작용) 않고 그대로 솟아올라 넓고 평탄한 지형을 이루고 있는 것을 구조 평야라고 하지요.

이때 단단한 암석층과 무른 암석층이 번갈아 가면서 쌓여 완만하게 경사를 이룬 지역이 침식되면 연한 지층은 쉽게 깎여 낮아지고

고원 지대
(미국 캐니언랜즈 국립 공원)
저 멀리 보이는 고원은 순상지의 대표적인 지형이다.

케스타 지형
(미국 조지아 주의 룩아웃 산)
지대가 낮은 땅과 언덕이 반복해
서 나타난다.

단단한 지층은 언덕(구릉)으로 남게 됩니다. 이처럼 지대가 낮은 땅과 언덕이 반복해서 나타나 완만한 경사를 이룰 때 케스타 지형이 발달하게 돼요.

구조 평야는 오랜 시간 동안 하천과 바람, 빙하 등의 침식을 받아 이루어진 평야라고 해서 침식 평야라고도 부릅니다. 이러한 구조 평야가 발달한 곳으로는 유럽 및 러시아의 대평원, 북아메리카의 중앙 평원, 아르헨티나의 팜파스, 오스트레일리아의 찬정 분지 등을 꼽을 수 있어요. 현재 이곳에서는 기업적인 밀 농사와 목축업 등이 행해지고 있지요.

압력을 받아 주름진 땅, 습곡 산지

네모난 찰흙을 두 손으로 잡고 양옆에서 안쪽으로 밀면 어떻게 될까요? 쭈글쭈글해지거나 부러지겠지요? 습곡 산지도 지층이 양옆에서 안쪽으로 작용하는 횡압력을 받아 휘어져 만들어진 지형이에요. 세계 주요 산맥은 대부분 이렇게 형성된 것들이랍니다. 습곡 산지는 형성된 시기에 따라 두 종류로 나눌 수 있어요. 우선, 고생대 말에서 약 2억 년 전의 중생대 초에 걸쳐 만들어진 오래된 산지를 고기 습곡 산지라고 합니다. 그리고 중생대 말에서 현재까지 습곡 운동이 계속되고 있는 산지를 신기 습곡 산지라고 하지요.

고기 습곡 산지는 오랫동안 침식을 받아 해발 고도가 낮고 산세가 덜 험합니다. 미국의 애팔래치아 산맥과 러시아의 우랄 산맥이 여기에 해당되지요. 이곳에는 석탄이 많이 묻혀 있어요.

반대로 신기 습곡 산지는 해발 고도가 높고 험준한 산맥이 띠 모양으로 연속해서 나타납니다. 이 산지는 지각이 불안정해서 지진이 많이 일어나고 활화산도 많이 분포하고 있어요. 대표적으로 알프스-히말라야 조산대와 환태평양 조산대가 신기 습곡 산지에 속합니

습곡 지형
지층이 양옆에서 안쪽으로 작용하는 횡압력을 받아 사진과 같이 휘어졌다.

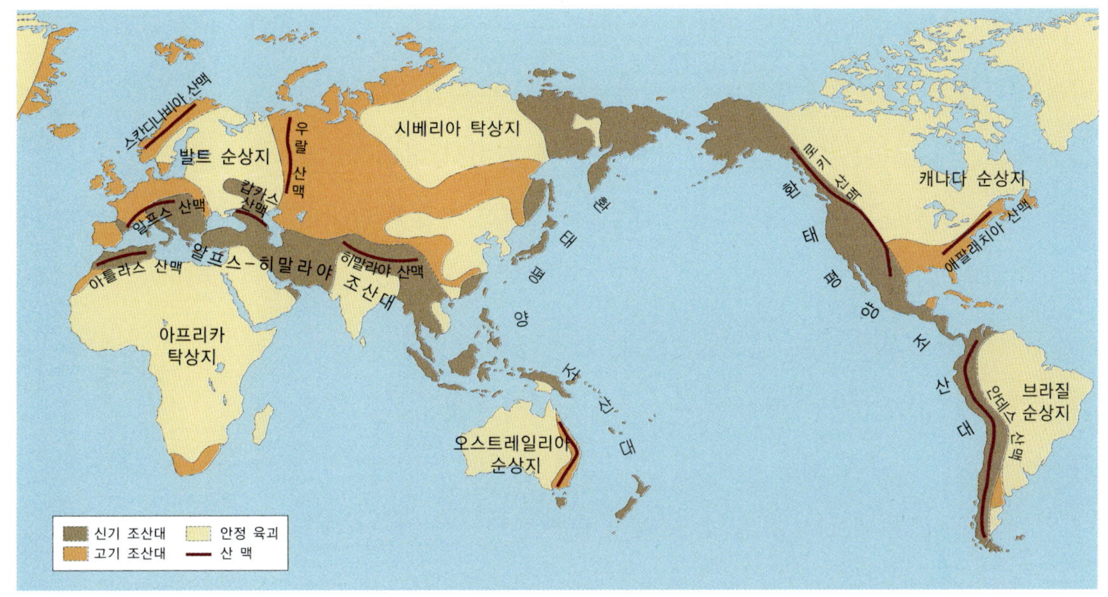

세계의 대지형 분포
인공위성에서 지구를 보면 거대한 산맥과 고원 등 큰 규모의 지형을 볼 수 있는데, 이러한 지형들을 대지형이라고 한다.

다. 지진이 발생하거나 화산이 터졌다는 뉴스를 보면 거의 이 지역에서 일어났다는 것을 알 수 있어요.

여기서 재미있는 사실 하나는 알프스-히말라야 조산대에 속하는 세계의 최고봉 에베레스트 산이 계속 높아지고 있다는 거예요. 알프스-히말라야 조산대는 인도 판이 북쪽으로 움직이면서 유라시아 판 밑으로 들어가고 있습니다. 유라시아 판은 인도 판 위에 올라타고 있는 모양새지요. 지금도 이 활동이 진행 중이라서 히말라야 산맥이 계속해서 솟아오르고 있다고 합니다. 실제로 최근 미국의 한 지리학협회에서 에베레스트 산의 해발 고도가 기존에 알려진 높이(8,848m)보다 2m 더 높은 8,850m라는 결과를 발표했어요. GPS(위성항법시스템)라는 첨단 기법을 통해 아주 정확하게 측정한 것이라고 합니다. 또한, GPS로 인도 판이 북동쪽으로 매년 6cm씩 움직이고 있다는 사실도 밝혀냈다고 하네요.

빙하가 남겨 준 선물, 빙하 지형

빙하는 여름에도 다 녹지 못한 눈이 계속 쌓여 두꺼운 얼음이 된 것을 말해요. 이 빙하는 엄청나게 무겁기 때문에 천천히 아래쪽으로 밀려 내려오면서 지면을 강하게 깎아 내립니다. 침식 작용이 일어나는 것이지요.

지금보다 날씨가 훨씬 더 추웠던 1만 년 전에는 더 넓은 지역이 빙하로 채워져 있었어요. 북부 유럽의 스칸디나비아 반도 및 그 주변과 북아메리카 북부가 넓은 대륙 빙하로 덮여 있었던 것이지요. 산에 있는 빙하도 현재보다 훨씬 낮은 지역에 분포하고 있었고요. 그런데 날씨가 따뜻해지면서 빙하 대부분은 녹아 버렸고, 지금은 과거에 빙하가 만들어 놓은 흔적들만 남아 있답니다.

스칸디나비아 반도에 속한 나라들과 캐나다에서는 빙하의 침식으로 만들어진 평평한 땅을 흔히 볼 수 있어요. 여기에는 빙하가 물러나면서 파인 구덩이에 빙하의 녹은 물이 모여들어 호수가 된 빙하호

가 많지요. 그 주변에는 빙하가 운반한 물질이 쌓여 있는데 토양에는 자갈이 많고 척박해서 황무지로 남아 있어요. 그래서 유럽에서는 기름진 토양을 유지하기 위해 밭을 3등분해 돌려가며 농사를 지었습니다. 이런 방식을 삼포식 농업이라고 하지요.

산지 빙하가 있던 산꼭대기에는 빙하의 침식으로 형성된 뾰족한 봉우리(호른)가 남아 있습니다. 이런 봉우리는 히말라야 산맥, 안데스 산맥, 로키 산맥 같은 높고 험준한 산에서 발견되지요. 그리고 빙하의 엄청난 무게와 압력으로 U자 모양의 계곡이 파입니다. 이곳에 바닷물이 들어와 피오르라고 하는 지형이 생겨요. 해안선 안쪽으로 깎아지른 듯한 절벽을 이루고 있고 수심도 매우 깊답니다. V자곡이 침수된 해안인 리아스식 해안보다 해안선도 길고 내륙으로 깊숙이 발달해 있지요.

피오르 해안은 노르웨이, 그린란드, 칠레 남부, 알래스카 남단 등 과거에 빙하가 덮여 있었던 지역에서 찾아볼 수 있어요.

빙하호(불가리아 세븐 릴라 호수)
빙하가 녹으면서 원래 빙하가 있던 자리는 호수가 되었다.

빙하가 만들어 놓은 흔적들

먼 옛날, 북부 유럽의 스칸디나비아 반도와 북아메리카 북부는 빙하로 덮여 있었다. 그런데 날씨가 따뜻해지면서 빙하의 대부분이 녹아 버렸고, 지금은 과거에 빙하가 만들어 놓은 흔적들만 남아 있다. U자곡, 피오르 해안, 빙하 호, 호른 등은 빙하가 우리에게 남겨 준 선물이다.

U자 계곡
(미국 베이커-스노퀄미 산 국유림)
빙하의 엄청난 무게와 압력으로 U자 모양
의 계곡이 파였다.

피오르 해안(노르웨이)
U자 모양의 계곡이 파인 곳에 바닷물이 들어와 만들어진 해안을 피오르라고 한다.

호른(로키 산맥)
산꼭대기에 있던 빙하가 녹으면서 산을 깎아 내려 뾰족한 봉우리를 만들었다.

모래바람이 만든 작품, 사막 지형

지구상에 건조 기후 지역은 육지의 약 1/3을 차지합니다. 증발량이 강수량보다 많아 땅 표면이 말라 있는 기간이 길지요. 이 중 절반이 사막인데 바람 때문에 침식이나 운반, 퇴적 작용이 활발하게 일어나고 있어요. 모래가 바람에 날려 모래 언덕을 만들고 모래사막에서 연속해 나타나는 모래 언덕을 볼 수 있습니다. 자갈과 모래가 뒤섞인 층에서 모래가 바람에 의해 날아가 버리면 자갈만 남겠지요? 그래서 자갈 사막이 이루어지고 바람에 의해 운반된 모래가 바위 아래쪽을 깎아 내어 버섯 모양의 바위를 만들기도 한답니다. 바람이 만들어 낸 훌륭한 예술 작품이라 할 수 있지요. 사막에 여행을 간다면 꼭 한번 찾아보세요.

사막에서 비가 내리는 것은 아주 짧은 기간, 좁은 지역에 한정되어 있어요. 폭우가 내리면 잠깐 강이 흐르다가 다시 말라 버리지요. 모래사막에서는 물을 얻기 어렵고 기온이 높아 사람이 살기 쉽지 않아요. 그나마 물을 얻을 수 있는 오아시스에 사람들이 모여 살고 있지요.

최근에는 지하수를 개발하거나 멀리 있는 하천의 물을 끌어와 관개 농업을 하기도 한답니다. 그리고 지하자원을 개발하면서 거주지를 확대해 가고 있어요.

사구 모래가 바람에 날려 만들어진 모래 언덕이다.

사막의 예술 작품

사막의 모래바람은 예술가다. 모래바람은 모래 언덕(사구)을 일으키고 모래 언덕은 끝없이 이어져 부드러운 곡선을 그려 낸다. 자갈과 모래가 뒤섞여 있던 곳에 바람이 불어 모래가 날아가면 자갈로 빼곡한 자갈 사막만이 남는다. 모래바람은 거대한 바위 아래쪽에 사정없이 불어쳐 버섯 모양의 바위를 깎아 낸다.

자갈 사막 모래가 바람에 의해 날아가 자갈로만 이루어진 사막이다.

삼릉석 모래바람에 깎여 세 개의 면과 세 개의 모서리가 발달한 돌이다.

버섯 바위 바람에 의해 운반된 모래가 바위 아래쪽을 깎아 내 만들어진 바위다.

오아시스(리비아) 모래사막은 기온이 높고 물을 구하기 쉽지 않아 사람이 살아가기 어렵다. 그나마 오아시스가 형성된 곳에 사람들이 모여 산다. 최근에는 지하수를 개발하고 관개 농업을 하면서 거주지를 확대해 가고 있다.

석회암이 빚은 신비, 카르스트 지형

석회암이 빗물과 지하수에 화학적으로 풍화되면서 형성된 지형을 카르스트 지형이라고 합니다. 카르스트(karst)라는 용어는 석회암 지형이 특히 발달한 슬로베니아의 크라스(kras) 지방을 독일어로 카르스트라고 부른 데서 유래하지요. 슬로베니아는 알프스 산맥의 동쪽 끝에 있는 산악 지대인데, 국토의 절반 이상이 숲으로 이루어져 있어요. 남부 지역은 석회암이 침식된 카르스트 지형으로 이루어져 있는데, 6,000개 이상의 석회 동굴이 있지요.

석회암이 지하수에 녹아 형성된 동굴의 천장에서는 석회암 성분이 녹아 있는 물이 한 방울씩 떨어져요. 오랜 시간이 지나면 물이 떨어지는 자리에 종유석이 고드름처럼 자라서 천장에 매달립니다. 또 종유석 끝에서 떨어진 물방울이 바닥에 석회암 덩어리로 쌓이면서 석순이 자라지요. 오랜 시간이 흘러 종유석과 석순이 서로 만나게 되면 석회 기둥을 형성하는데, 이를 석주라고 한답니다.

석회암 동굴
카르스트 지형에서 지하수가 석회암을 녹여 생긴 동굴이다. 석회암 동굴 천장에는 고드름처럼 종유석이 매달려 있고 바닥에는 석순이 자라고 있다. 종유석과 석순이 만나면 석주가 된다.

중국의 구이린에 가면 기이한 산세를 만날 수 있어요. 평탄한 지표면 위에 마치 땅속에서 죽순이 솟아오른 듯 볼록 치솟은 산봉우리들이 줄지어 있는 장면은 신선이 바위를 조각해 기념비라도 세운 듯 신비로움을 자아냅니다. 이런 지형은 열대 지방에서 계속되는 강수에 의해 침식에 강한 석회암 부분이 탑처럼 남으면서 형성된 것이어서 탑상 카르스트라고 불러요.

카르스트 지형이 발달한 곳에는 석회암의 절리와 균열로 물이 침투해 석회암이 녹아 그 구멍으로 지표수가 사라집니다. 하지만 터키의 파묵칼레는 수천 년 동안 지하에서 흘러나온 뜨거운 온천수가 산의 경사면을 따라 흘러 내려가면서 만들어 낸 새하얀 석회층이 장관을 이루지요.

바다도 강물처럼 흐른다 – 바다의 종류와 해류

바다는 지구 표면의 약 71%를 차지하고 있어요. 이렇게 넓은 바다에도 종류가 있답니다. 크게는 대양과 부속해로 나눌 수 있어요. 대양은 말 그대로 큰 바다를 뜻합니다. 태평양, 인도양, 대서양 등이 이에 해당되지요.

부속해는 대양보다는 크기가 작은 바다로 연해와 지중해로 나눕니다. 연해는 대륙 주변에 있는 바다이며, 우리나라의 동해처럼 섬과 반도로 둘러싸여 있어요. 지중해는 유럽의 지중해처럼 대륙으로 둘러싸여 좁은 물길에 의해 대양과 연결되어 있지요.

여러분은 혹시 바닷물도 강물처럼 흐르고 있다는 사실을 알고 있나요? 수온, 염도, 밀도가 비슷한 바닷물은 일정한 속도와 방향으로

흐르는데 이것을 해류라고 해요. 해류의 전체적인 방향을 보면, 적도를 중심으로 북반구에서는 시계 방향으로, 남반구에서는 시계 반대 방향으로 흐릅니다. 이는 지구의 자전으로 발생하는 전향력이라는 힘이 작용하기 때문이에요. 전향력은 원심력과 같은 종류의 힘으로 회전하는 물체 위에서 그 운동을 보는 경우에 나타나는 가상적인 힘을 말한답니다.

바다의 흐름인 해류는 물의 온도에 따라 한류와 난류로 구분됩니다. 한류는 고위도에서 저위도로, 난류는 그 반대 방향으로 흐르지요. 이런 과정에서 해류는 찬 공기와 따뜻한 공기를 순환시켜 기후에도 큰 영향을 미칩니다. 한류와 난류가 만나는 조경 수역에는 해저의 영양 염류가 풍부해 플랑크톤이 아주 많아요. 물고기 먹이인 플랑크톤이 풍부하니까 많은 물고기가 모여들어 당연히 좋은 어장이 형성되겠지요?

해류의 순환

바다도 강처럼 흐른다. 바람, 수온, 염도, 밀도에 의해 해류가 발생하기 때문이다.

에베레스트 산의 정상 정복을 증명하는 사진은 누가 찍었을까요?

히말라야 산맥의 높은 봉우리를 오를 때 가이드 역할을 하는 사람을 '셰르파'라고 합니다. 셰르파는 원래 해발 고도 약 3,000m에 살고 있는 네팔의 한 민족을 일컫는 말이에요. 이들은 고산 지역에서 태어나 자랐기 때문에 산소가 적은 환경에 잘 적응되어 있습니다. 누구보다도 에베레스트 산의 특징을 잘 알고 있지요. 이들은 단순한 가이드가 아니라 등반가들의 짐을 들어 주고 식사를 마련하는 단순한 일에서부터 어떤 길로 올라가야 하는지, 언제 정상에 올라야 하는지 등과 같이 중요한 일을 조언하는 역할도 합니다. 히말라야 산맥의 높은 봉우리를 오르는 사람들은 어떤 셰르파를 만나느냐가 정상 정복을 크게 좌우한다고 말해요. 우리는 에베레스트를 최초로 정복한 사람이 에드몬드 힐러리 경이라고 알고 있지만 사실 텐징 노르가이라는 셰르파와 함께였습니다. 그런데 재미있는 사실은 에베레스트 산 정상에서 찍은 사진에는 텐징의 모습밖에 없다는 거예요. 힐러리는 사진에 자신의 모습이 없는 이유는 텐징이 카메라 작동법을 몰랐기 때문이라고 설명했지요. 하지만 에베레스트 산의 정상에서 환희에 찬 모습을 찍은 사진의 보이지 않는 곳에는 언제나 셰르파들이 있다는 것을 잊지 말아야 해요.

에베레스트 산 정상의 텐징

3 기후는 변신의 귀재! |
기후 요인과 기후 요소

우리나라의 서울과 미국의 샌프란시스코는 북반구에서 거의 비슷한 위도에 있는 도시예요. 그런데 샌프란시스코가 서울보다 더 서늘하고 습하답니다. 왜 그럴까요? 바로 기후가 다르기 때문이에요. 한 지역의 기후는 그 지역이 얼마나 바다와 가까운지, 근처에 비바람을 막아 줄 산이 있는지와 같은 지리적인 요인들에 따라 크게 좌우됩니다. 그렇다면 기후란 무엇일까요? 날씨와 같은 것일까요? 날씨와 기후는 언뜻 같아 보이지만 엄연히 다른 개념이에요. 기후란 어떤 장소에서 장기간에 걸친 대기의 종합적인 평균 상태를 의미합니다. 반면 날씨는 그날그날의 비, 구름, 바람, 기온 등이 나타나는 상태를 말해요. 그럼 지금부터 기후에 영향을 미치는 요인과 기후를 이루는 요소에는 무엇이 있는지 한번 알아볼까요?

- 위도에 따라 일사량이 다르기 때문에 기후가 지역마다 다양하게 나타난다.
- 위도에 따라 받는 태양 에너지의 양이 달라 저압대와 고압대가 형성되면서 대기 대순환이 일어난다.
- 대기 대순환으로 무역풍, 편서풍, 극동풍이 발생하고, 특정 지역에 계절풍, 열대 이동성 저기압, 푄 풍 등이 형성된다.
- 강수량은 위도, 지형, 바람 등의 요인에 따라 지역마다 다르게 나타나는데, 이는 식생과 농목업에 큰 영향을 미친다.

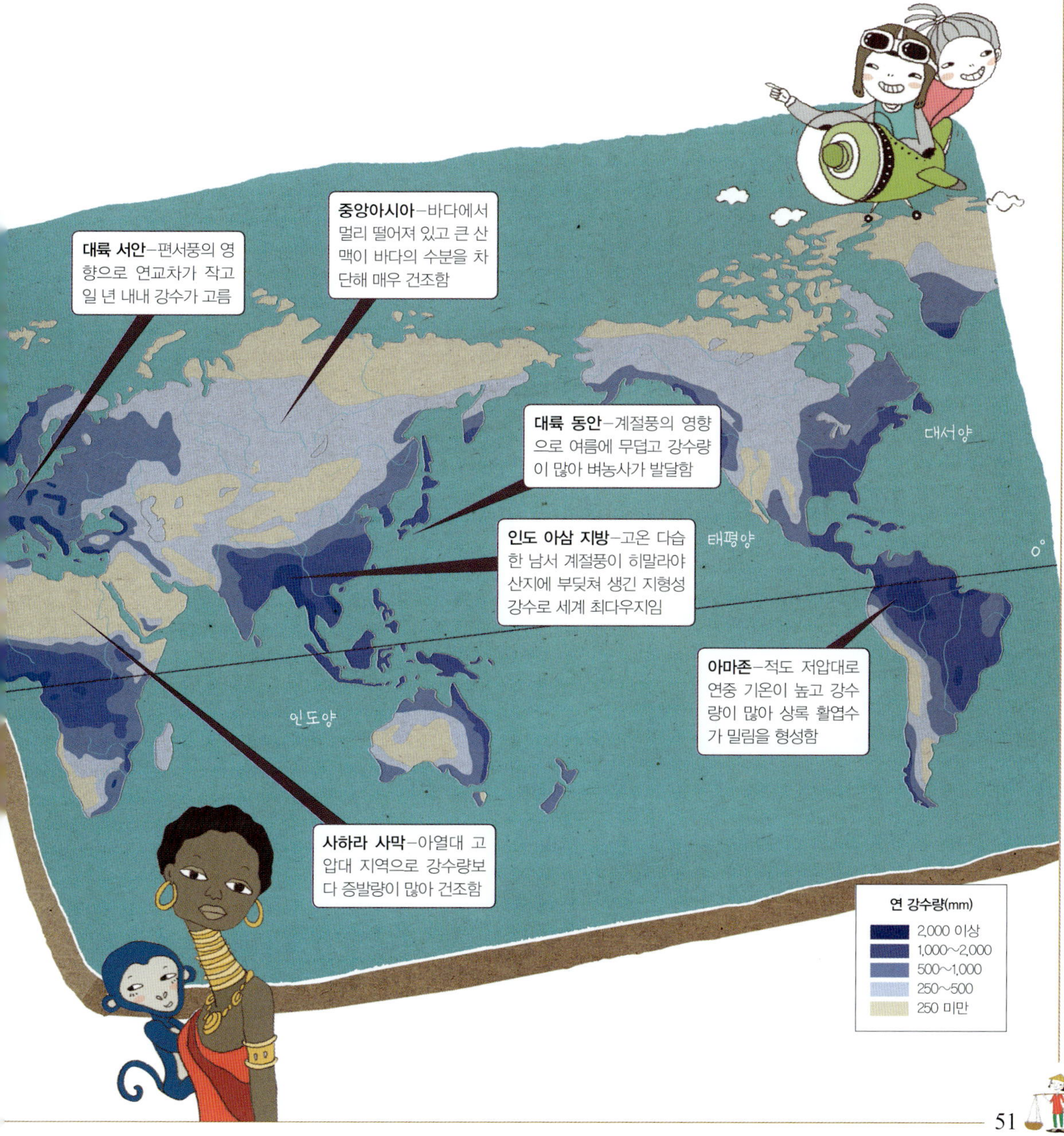

기후의 지역 차는 일사량 때문 – 일사량과 위도

기후의 지역 차를 가져오는 가장 첫 번째 요인은 무엇일까요? 바로 일사량입니다. 일사량이란 태양으로부터 받는 에너지의 양을 말해요. 지구는 둥글고 기울어져 있습니다. 이 상태에서 자전과 공전까지 하고 있기 때문에 위도에 따라 일사량이 다르게 나타날 수밖에 없어요. 보통 일사량이 풍부한 저위도 지방에서는 기온이 높게 나타나고, 반대로 고위도 지방으로 갈수록 일사량이 적어 기온이 낮게 나타납니다. 당연히 극지방은 제일 춥지요. 지도에서 연평균 등온선을 보면 대체로 위도와 평행하게 나타납니다. 이를 통해 위도가 기온 분포에 가장 큰 영향을 미친다는 것을 알 수 있어요.

　기온의 일교차는 저위도 사막에서 크게 나타나고, 연교차는 고위도 지방으로 갈수록 크게 나타납니다. 중위도 지방의 대륙 서안은 바다 쪽에서 불어오는 편서풍 때문에 해양성 기후가 나타나지요. 대륙 동안은 대륙의 영향을 크게 받는 대륙성 기후가 나타납니다. 따

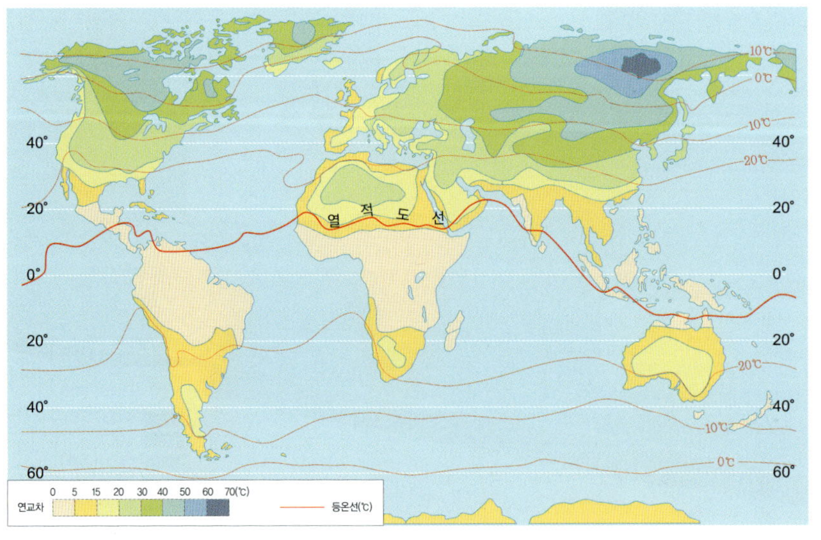

세계 연평균 기온 분포와 연교차

저위도에서 고위도로 갈수록, 해안에서 내륙으로 갈수록 연교차가 크게 나타난다. 지도에서 열적도선이란 연평균 기온이 가장 높은 지점을 연결한 선으로, 지구의 적도와는 다르고 계절에 따라 그 위치가 변한다.

라서 대륙 서쪽인 영국 런던보다 동쪽인 우리나라 서울의 연교차가 훨씬 크지요.

또한, 해안보다는 내륙 지방에서 연교차가 크게 나타납니다. 바다보다는 육지가 빨리 데워지고 빨리 식는 것과 관계가 있어요. 여름에 해수욕장에 갔을 때 모래사장은 뜨거운 반면에 바닷물이 상대적으로 차가운 것은 바로 이 때문이지요.

더워진 공기는 위로 올라간다 — 대기 대순환과 바람

바람은 아무렇게나 부는 것 같지만 실제로는 어느 정도 일정한 방향으로 불고 있어요. 지구 전체적으로 대기 대순환이라는 대기 운동이 일어납니다. 이는 위도에 따라 받는 태양 에너지의 양이 다르기 때문에 발생해요. 적도 지방에서 더워진 공기는 위로 올라가 상공에서 남과 북으로 갈라집니다. 갈라진 공기는 각각 고위도 지방으로 가다가 남·북위 30° 부근에서 내려와요. 그래서 일부는 편서풍이 되어 고위도로 가고, 일부는 무역풍이 되어 저위도로 되돌아간답니다.

보통 공기가 상승하는 곳에서는 기압이 낮고 공기가 하강하는 곳에서는 기압이 높게 나타납니다. 흔히 기분이 좋지 않을 때 '저기압'이라고 말하지요? 만화에서 기분이 나쁜 사람 머리 위에 수증기가 올라오는 모습을 그리는 것을 보면 저기압이 어떤 상태인지 알 수 있을 거예요. 적도 지방에는 저압대가, 남·북위 30° 부근에는 아열대 고압대가 형성됩니다. 남·북위 60° 부근에서는 다시 저압대가 형성되고, 극지방에서는 찬 공기가 쌓여 극 고압대가 형성되지요.

일반적으로 바람은 어디에서 어디로 불까요? 바람은 기압이 높

범선(빅토리아 호)
대항해 시대에 마젤란은 빅토리아 호라는 범선으로 바람을 이용한 항해를 시도했다.

은 곳에서 낮은 곳으로 대기가 이동하는 현상이에요. 그러므로 바람은 고기압 지대에서 저기압 지대로 분다고 할 수 있지요. 지표상의 바람은 지구 자전의 전향력 때문에 북반구에서는 시계 방향으로, 남반구에서는 시계 반대 방향으로 휘어지게 됩니다. 그래서 무역풍은 북반구에서는 북동 무역풍, 남반구에서는 남동 무역풍이 되는 거예요. 무역풍은 범선을 타고 다니던 시대에 항해에 많이 이용되었습니다. 범선 선원들이 무역에 도움을 주는 바람이라는 의미로 무역풍이라고 불렀지요.

북동 무역풍과 남동 무역풍이 만나는 곳에는 강한 상승 기류가 나타나는 적도 저압대가 형성됩니다. 이곳에서는 일반적으로 바람의 방향이 제각각이고 바람은 약한 편이에요. 이러한 적도 무풍대에 범선이 들어간다면 어떻게 될까요? 범선은 바람이 불지 않아 오도 가도 못하고 해류를 따라 동에서 서로 슬금슬금 이동할 수밖에 없었어요. 이런 범선을 유령선이라고 불렀답니다.

위도 30~60° 사이에서 부는 '편서풍'은 온대 지방의 바람으로 따뜻합니다. 이 바람은 황사, 대기 오염 물질, 구름 등을 서에서 동으로 보내고 비행시간에도 큰 영향을 미쳐요. 북위 60° 이상의 극지방에서 저위도를 향해 부는 바람을 '극동풍'이라고 합니다.

이외에도 계절풍, 열대 이동성 저기압, 푄 풍 등 특정 지역에서만 부는 바람이 있어요. 먼저 '계절풍'은 대륙 동안에서 대륙과 바다의

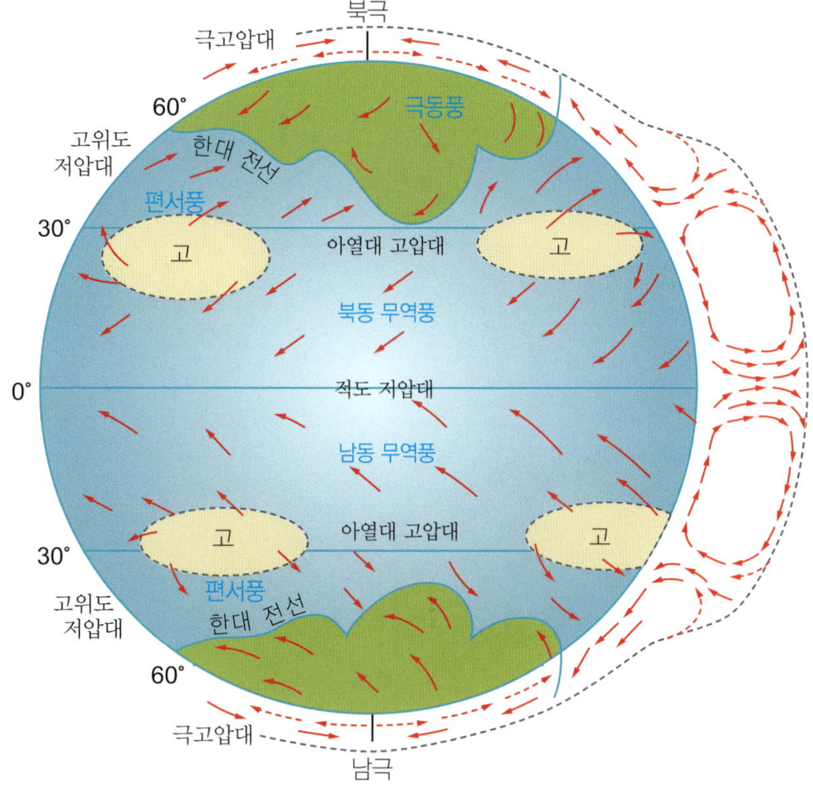

대기 대순환

적도 지방에서 더워져 올라간 공기는 상공에서 남과 북으로 갈라져 각각 고위도 지방으로 가다가 남·북위 30° 부근에서 내려온다. 내려온 공기 일부는 편서풍이 되어 고위도로, 일부는 무역풍이 되어 저위도로 되돌아간다.

바람을 이용한 항해

마젤란은 바람을 이용한 항해를 시도해 최초로 세계 일주에 성공했다.

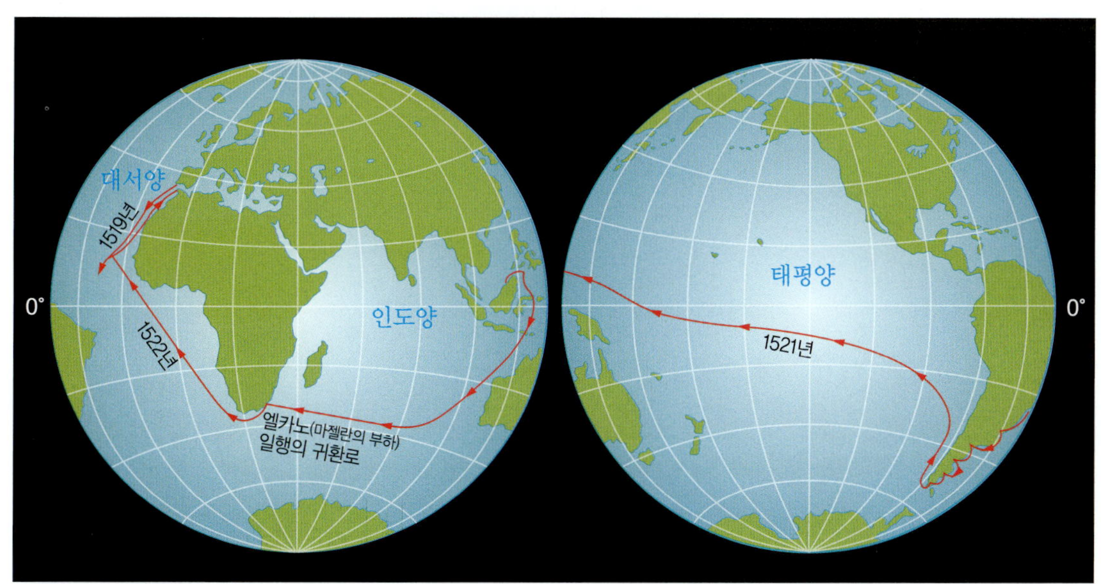

열대 이동성 저기압

위도 5°와 20° 사이의 열대 해상에서 발생한 저기압은 강한 비바람을 동반한다. 우리에게 익숙한 '태풍'을 비롯해 '사이클론', '허리케인' 등이 이에 해당한다.

태풍(매미, 2003년) 필리핀 해상에서 발생해 동아시아 쪽으로 이동해 온다.

사이클론(카타리나, 2004년) 인도양 해상에서 발생해 벵골 만 방향으로 불어온다.

허리케인이 휩쓸고 간 자리(2005년 9월, 미국 미시시피 주 걸프포트 시) 카리브 해 연안에서 발생한 허리케인은 미국 남동 해안 지방을 습격해 큰 피해를 주고 있다.

온도 차이 때문에 여름에는 바다에서 대륙으로, 겨울에는 대륙에서 바다로 붑니다. 계절풍이 부는 아시아 지역은 기온이 높고 여름에 비가 많이 내려 벼농사에 유리해요. 쌀이 많이 생산되다 보니 식량이 풍부해 많은 사람이 살고 있지요.

'열대 이동성 저기압'은 열대 해상에서 발생해 고위도 지역이나 온대 지방으로 이동하는 저기압을 말합니다. 필리핀 근해에서 동부 아시아 쪽으로 이동하는 '태풍', 인도양에서 벵골 만으로 이동하는 '사이클론', 카리브 해 연안에서 미국의 남동 해안 지방을 습격하는 '허리케인' 등이 있지요. 이 바람들은 폭풍우를 동반해 특히 해안 지방에 많은 피해를 준답니다. 우리나라도 해마다 여름이 되면 태풍 피해를 입고 있어요. 지난 2003년, 태풍 매미가 한반도를 강타해 어마어마한 피해를 주었습니다. 사망하거나 실종된 사람만 200여 명에 이르렀고 피해액도 4조 7,000억 원이나 되었지요.

'푄 현상'은 공기가 산맥을 넘으면서 고온 건조한 바람으로 바뀌는 현상입니다. 공기가 산맥을 타고 올라가면 기온이 낮아지다가 이

푄 현상
습기를 머금은 바람이 산맥을 넘을 때 많은 비나 눈이 내리고 고온 건조해지는 현상을 말한다.

비가 적게 내리는 지역

지구상에는 위도와 지형에 따라 비가 적게 내리는 지역이 존재한다. 아열대 고압대로 불리는 남·북위 30° 부근, 고위도 한대 기후 지역, 그리고 대륙 깊숙한 지역이 비가 적게 오는 곳이다. 아열대 고압대에는 사하라 사막과 같은 큰 사막이, 고위도 한대 기후 지역에는 툰드라 지대가 형성된다. 대륙 내부에는 몽골 초원처럼 스텝 초원이 펼쳐지기도 한다.

스텝 초원 키 큰 나무는 없고 짧은 풀이 넓게 펼쳐져 있다.

툰드라 지대 기온이 낮아 짧은 여름 동안 이끼류가 자란다.

사막 연 강수량이 200mm도 안 돼 선인장류 외의 식물들은 살 수 없다.

슬점에 이르면 구름이 형성되면서 비가 내리게 돼요. 그 후 산맥을 넘은 공기는 기온이 높아지므로 고온 건조해지지요. 푄 현상은 유럽의 알프스 계곡, 특히 라인 강 상류의 중앙 유럽에서 많이 발생합니다. 초여름에 지중해에서 알프스를 넘어 부는 푄 풍 때문에 알프스의 눈이 녹아 라인 강의 봄 홍수가 일어나기도 해요. 푄 풍은 원래 알프스 산지에서 부는 고온 건조한 바람을 가리키는 말이었습니다. 그런데 이러한 현상이 세계 각지에서 발견되면서 현재는 산을 넘어 온 고온 건조한 바람 모두를 가리키는 일반적인 용어로 쓰인답니다.

비는 왜 적도 지방에 많이 내릴까?
— 지역 차가 큰 강수량

'강수(降水)'는 말 그대로 하늘에서 내리는 물이라는 뜻이에요. 수증기를 많이 머금은 공기가 위로 올라가 차가워지면 구름으로 변합니다. 구름 속 물방울이 합쳐지면 무거워져서 비 또는 눈으로 내리게 되지요. 공기는 땅이 가열되거나 높은 산지에 부딪칠 때, 또는 저기압이나 전선이 통과할 때 위로 올라갑니다. 지구상의 강수량 분포는 지역에 따라 그 차이가 매우 크게 나타나고, 세계 식생 분포나 농목업 등에 큰 영향을 미쳐요.

강수량은 기압이 낮은 적도 지방에 가장 많습니다. 기압이 낮은 고위도 지방인 남·북위 50° 부근이 그다음으로 많지요. 기압이 낮은 곳에서는 공기가 상승하면서 비구름을 많이 만들기 때문이에요. 이에 비해서 아열대 고압대로 불리는 남·북위 30° 부근에서는 하강 기류로 인해 구름이 발생하지 않습니다. 그래서 강수량이 적고,

증발량이 강수량보다 훨씬 커서 물이 부족하지요. 이곳에는 사하라 사막과 같은 큰 사막이나 스텝 초원이 펼쳐져 있어요. 극지방도 강수량은 적지만 기온이 낮아 증발량이 적기 때문에 물이 부족한 정도는 아니랍니다.

지형과 바람의 방향에 따라 강수량이 다르게 나타나기도 해요. 바다 쪽에서 불어오는 습한 바람이 산맥에 부딪히면 산맥의 바람받이 쪽은 강수량이 많습니다. 북쪽에 히말라야 산맥이 있는 인도의 아삼 지방과 같은 세계적인 다우지가 이러한 경우에 해당되지요. 이 바람이 히말라야 산맥을 넘어 내륙에 이르면 건조해져요.

강수량은 대부분 바닷가에서 육지 쪽으로 가면서 점차 그 양이 줄어듭니다. 아무래도 해안보다는 육지에 습한 공기가 적게 분포하기 때문이지요. 같은 해안이라도 난류가 흐르면 증발량이 많아 강수량도 많고, 한류가 흐르면 강수량이 적답니다.

콜럼버스는 대서양을 건널 때 어떤 바람을 이용했을까요?

이탈리아의 제노바 출신 항해사였던 콜럼버스는 향신료 무역을 독점하고 있던 아라비아 상인들을 거치지 않고 직접 인도로 가는 방법이 대서양의 서쪽으로 항해하는 것이라고 생각했어요. 그래서 포르투갈이 아프리카를 돌아 먼저 인도에 도착한 것에 불안감을 느낀 스페인 여왕을 설득해 탐험 항해를 지원받게 되었지요. 그때까지 대서양을 건너 인도로 갈 수 있다고 생각한 사람은 아무도 없었어요. 그런데 콜럼버스는 적도와 그 부근의 저위도 지역에서는 무역풍이라는 북동풍이 불고, 북위 30° 이북의 고위도에서는 편서풍이 연중 서쪽으로부터 불어온다는 사실을 알고 있었습니다. 그래서 인도로 갈 때에는 무역풍을, 인도에서 돌아올 때에는 편서풍을 이용할 수 있다고 믿었지요. 당시 배들은 돛을 달고 바람에 의지해 항해했기 때문에 바람의 성질을 아는 것이 무엇보다 중요했어요. 콜럼버스는 스페인에서 출발해 대서양의 카나리아 섬까지 내려간 다음 북동 무역풍을 타고 서인도 제도까지 갔다가 편서풍을 타고 스페인으로 되돌아올 수 있었지요.

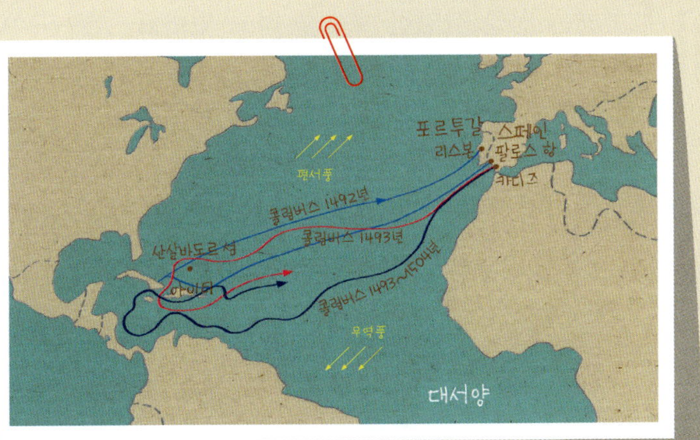

콜럼버스의 항해 경로

4 인간의 생활을 결정하는 기후 |
세계의 기후 지역

세계 곳곳은 정말 다양한 모습을 하고 있어요. 기후도 마찬가지랍니다. 다양한 기후가 나타나기 때문에 우리들이 살아가는 모습과 식생, 토양 또한 각양각색일 수밖에 없지요. 그래서 세계 지리 공부가 더 재미있는지도 모릅니다. 그럼 지금부터 지구상에는 어떤 기후가 있고, 각 기후 지역의 모습이 어떻게 다른지 살펴보기로 해요. 세계 기후는 비슷한 특성이 나타나는 곳끼리 묶어 몇 가지 기후 지역으로 분류할 수 있습니다. 기후를 구분할 때에는 일반적으로 독일 기후학자 쾨펜의 기후 구분법을 써요. 쾨펜은 기온과 강수량에 따른 식생 분포를 주요 기준으로 삼았습니다. 또한, 세계 기후는 기온과 강수량에 따라 열대, 건조, 온대, 냉대, 한대 기후로 나뉜다고 보았어요. 해발 고도가 높은 지역은 특별히 고산 기후로 분류했지요.

- 열대 기후 지역에는 저압대의 열대 우림 기후 지역, 그 주변의 사바나 기후 지역, 높은 산지의 고산 기후 지역이 있다.
- 건조 기후 지역에는 연 강수량 250mm 이하의 사막 기후 지역과 250~500mm의 스텝 기후 지역이 있다.
- 온대 기후 지역에는 위도 20~40° 대륙 동안의 온대 계절풍 기후 지역, 위도 30~40° 대륙 서안의 지중해성 기후 지역, 위도 40~60° 대륙 서안의 서안 해양성 기후 지역이 있다.
- 냉대 기후 지역의 남부에는 혼합림이 분포하고, 북부에는 타이가라고 불리는 침엽수림대가 널리 분포한다.
- 한대 기후 지역에는 이끼류가 자라는 툰드라 기후 지역과 일 년 내내 기온이 영하인 빙설 기후 지역이 있다.

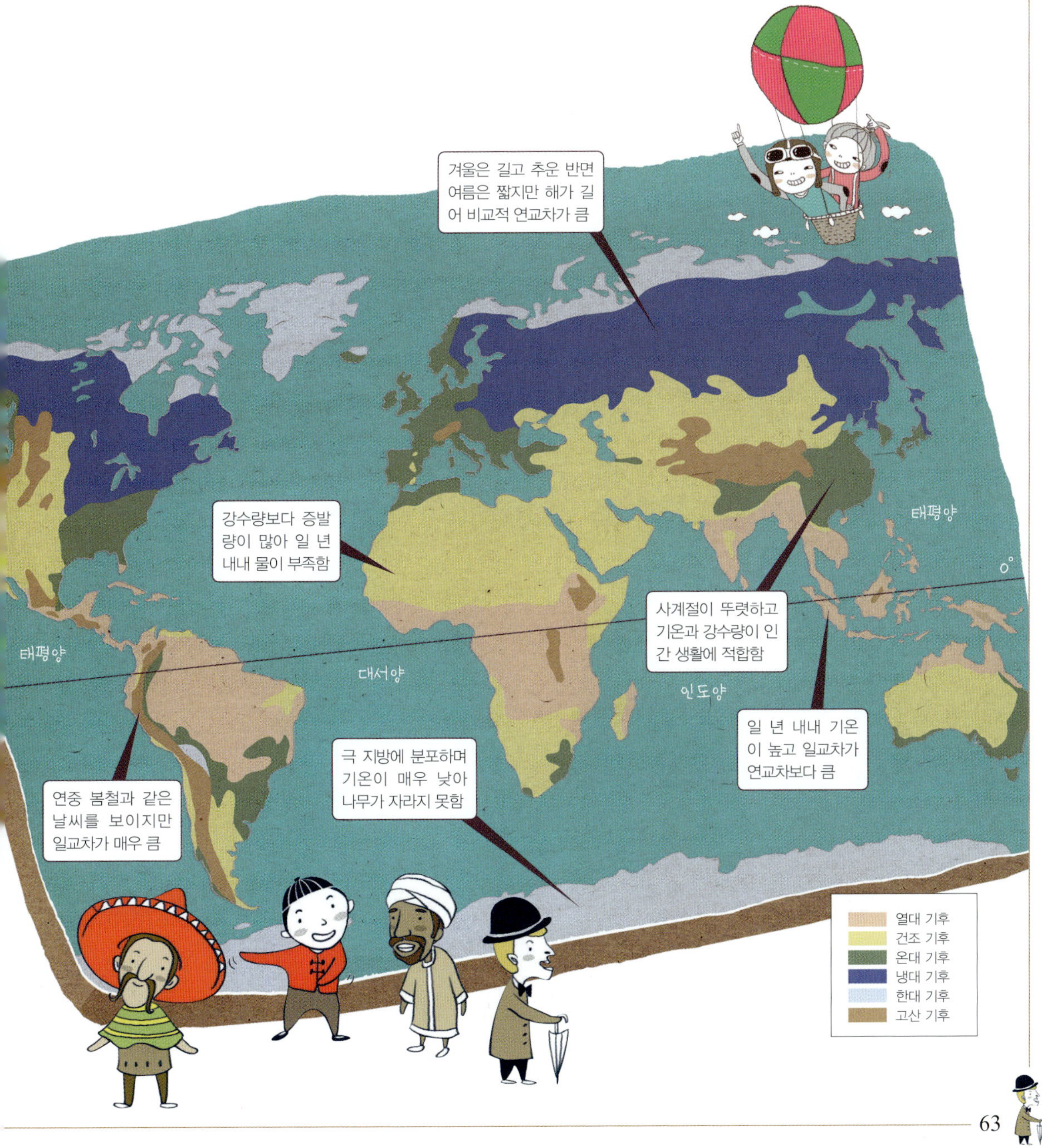

후덥지근한 열대 기후 지역
─ 열대 우림 기후 · 사바나 기후 · 고산 기후

열대 기후 지역은 계절의 변화 없이 일 년 내내 후덥지근해요. 낮과 밤의 일교차는 여름과 겨울의 연교차보다 크게 나타납니다. 이 기후 지역은 강수량의 계절 변화에 따라 열대 우림 기후와 사바나 기후로 나눌 수 있어요.

열대 우림 기후 지역은 연중 기온이 높고 적도 저압대의 영향으로 강수량이 많습니다. 오후 3시에서 5시 정도에는 강한 햇볕 때문에 지면의 수증기가 빠르게 증발해 먹구름이 만들어지면서 소나기가 내려요. 이를 스콜이라고 하지요. 이 지역은 강수량이 엄청 많고 상록 활엽수로 빽빽한 숲을 이룹니다. 헬리콥터를 타고 높이 올라가 하늘에서 보면 밀림의 크고 작은 나무들이 햇빛을 향해 경쟁적으로 자라고 있는 경관을 볼 수 있어요. 그중 40~50m까지 키가 자란 나무들은 정말 인상적입니다.

열대 우림 기후 지역은 세균 번식이 심해 말라리아, 황열병 같은 풍토병이 많이 발생하고 있어요. 그래서 지역 개발을 추진하는 데 어려움도 많았지요. 이 지역의 원주민들은 밀림의 나무를 베고 불을 질러 전통적인 이동식 화전 농업을 해 왔어요. 대부분 지역에서 화전 농업을 하고 있지만 대표적인 곳을 꼽으라면 단연 열대 우림 지역이랍니다. 천연고무, 기름야

열대 기후 지도

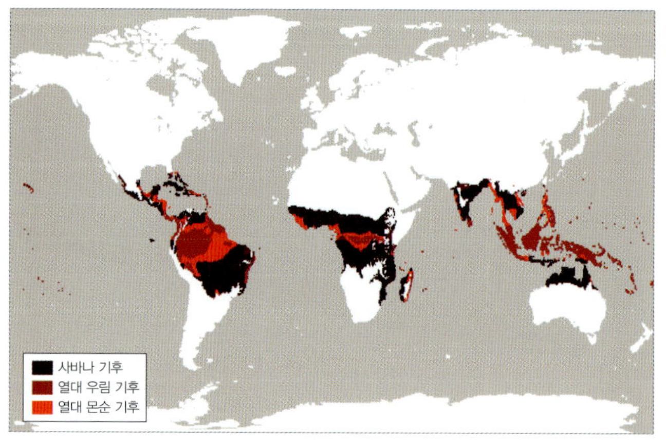

자, 카카오 등을 재배하는 수출 목적의 플랜테이션도 이루어졌어요.

사바나 기후는 열대 우림 기후 주변에 나타나고, 비가 거의 오지 않는 시기인 건기와 비가 많이 오는 시기인 우기가 뚜렷하게 구분됩니다. 키 작은 아카시아나 바오밥 나무 등이 드문드문 서 있고 키 큰 풀이 사방에 자라고 있어 초식 동물과 육식 동물이 살기 좋은 곳이에요. TV에서 방영하는 '동물의 왕국' 같은 자연 다큐멘터리의 주 무대가 바로 이곳 사바나 지역이랍니다. 동물의 왕 사자, 사체를 찾아다니는 하이에나와 대머리 독수리, 떼를 지어 이동하는 얼룩말과 코끼리 등이 사바나의 주인공들이지요.

사바나 기후에서 물이 말라 버리는 건기에는 초식 동물들이 신선한 풀과 물을 찾아 우기 지역으로 대이동을 시작합니다. 사바나 지역에도 식민지 시대부터 백인들이 들어와서 사탕수수, 커피, 목화 등 플랜테이션을 활발히 진행했답니다.

고산 기후는 말 그대로 높은 산지 지역에서 나타나는 기후입니다. 열대의 고산 지역은 대체로 서늘하고 기온의 연교차가 작은 것이 특징이에요. 일 년 내내 봄철과 같은 날씨여서 사람들이 살기에 아주 좋지요. 안데스 산지 지역에는 인구가 밀집해 고산 도시가 발달했습니다. 세계적인 고산 도시로는 볼리비아의 라파스(3,830m), 멕시코의 멕시코시티(2,306m), 콜롬비아의 보고타(2,630m), 에콰도르의 키토(2,850m) 등이 있어요.

기름야자 플랜테이션
열대 기후 지역에는 수출 목적으로 기름야자 등의 작물을 재배하는 플랜테이션이 발달했다.

사바나 초원

열대 기후 지역에 속하는 사바나 초원에는 키 작은 아카시아 나무나 바오밥
나무 등이 드문드문 서 있고, 키 큰 풀들이 사방에 자라고 있어 초식 동물과
육식 동물이 많다. 사바나는 비가 거의 오지 않는 건기와 비가 많이 오는 우기
로 뚜렷이 구분된다. 건기에 사바나의 동물들은 물을 찾아 떼 지어 이동한다.

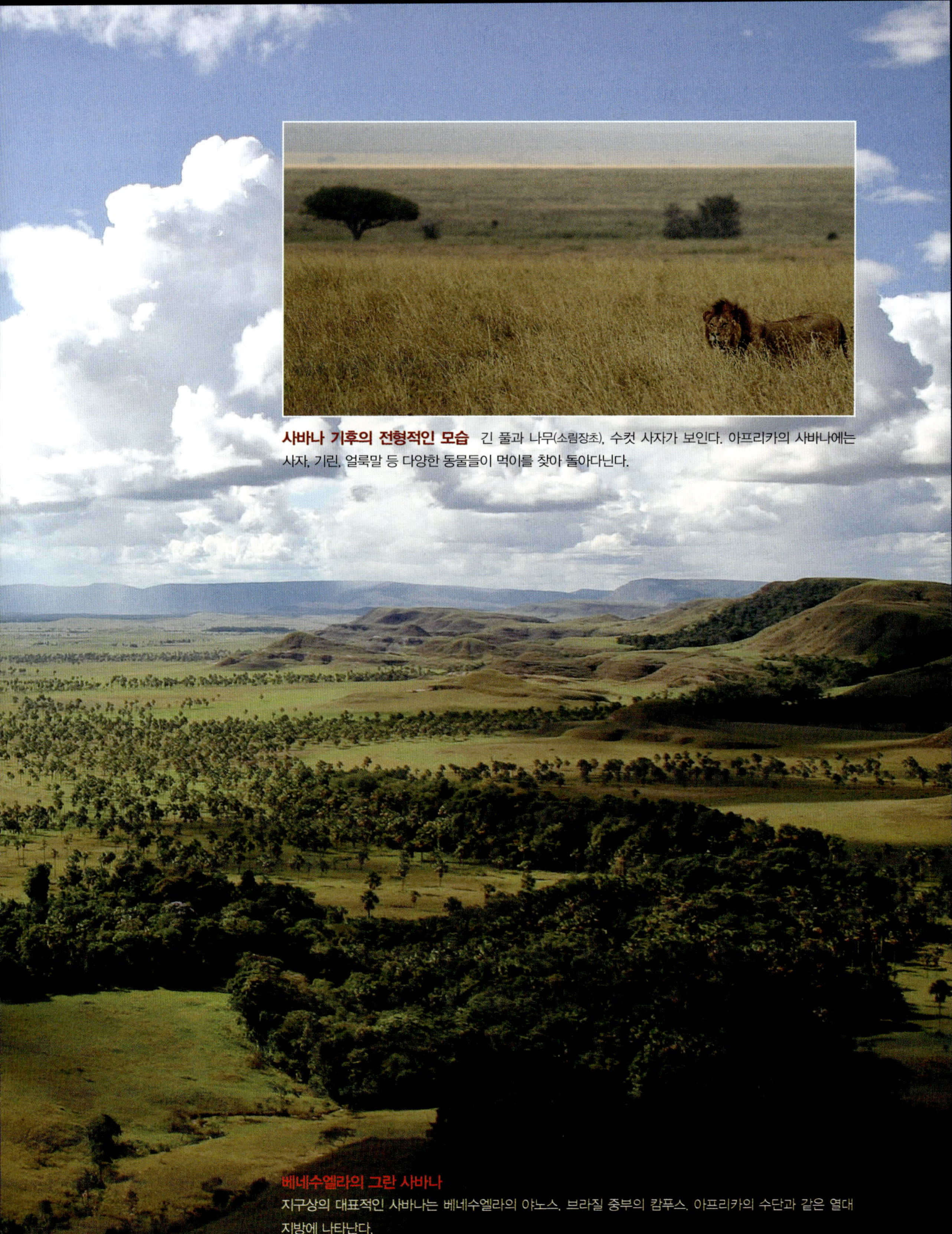

사바나 기후의 전형적인 모습 긴 풀과 나무(소림장초), 수컷 사자가 보인다. 아프리카의 사바나에는 사자, 기린, 얼룩말 등 다양한 동물들이 먹이를 찾아 돌아다닌다.

베네수엘라의 그란 사바나
지구상의 대표적인 사바나는 베네수엘라의 야노스, 브라질 중부의 캄푸스, 아프리카의 수단과 같은 열대 지방에 나타난다.

고산 기후 지역

열대 기후에 속하지만
덥지 않은 곳이 있다.
바로 높은 산지에 나타
나는 고산 기후 지역이
다. 열대 고산 지역은
대체로 서늘하고 기온
의 연교차가 작다. 일
년 내내 봄철과 같은 날
씨여서 동물과 사람이
살기에 좋다.

라마(위) 주로 남아메리카 해발
5,000m인 고산 지역에서 산다.
높은 환경에 적응하기 위해 저
지대의 다른 포유류보다 심장이
15% 정도 더 크다.

야크 중앙아시아 및 인도 북부
고산 지역에 서식한다. 고산 툰드
라나 반사막 지대에서 듬성듬성
나 있는 풀이나 작은 나무의 잎을
먹고 산다.

볼리비아의 라파스 1548년 알티플라노 고원에 건설된 도시다. 볼리비아의 수도이자 정치 · 경제 · 문화의 중심지다.

에콰도르의 키토 잉카 시대 이전부터 존재해 온 도시로 현재 에콰도르의 수도다. 해발 2,850m에 있으며 항상 봄날 같은 쾌적한 날씨가 지속된다.

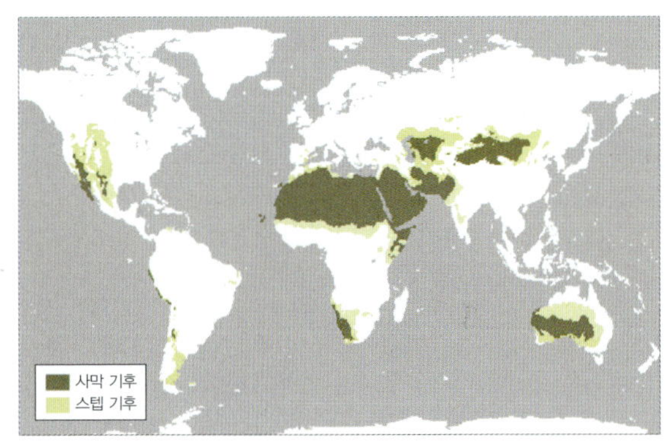

건조 기후 지도

건조 기후 지역
― 사막 기후 · 스텝 기후

건조 기후 지역은 비의 양보다 증발해 버리는 물의 양이 많아 일 년 내내 물이 부족해요. 이 지역은 강수량에 따라 사막 기후와 스텝 기후로 구분할 수 있습니다.

사막 기후는 연 강수량이 250mm 이하로 바다에서 먼 내륙, 아열대 고압대가 머무는 지역, 한류가 흐르는 대륙 서안 지역 등에서 나타나요. 이곳에서는 선인장 같은 식물을 제외한 일반 식물들은 거의 자랄 수 없답니다. 그러나 지하수와 외래 하천, 오아시스 등 물을 얻을 수 있는 곳에는 촌락이 발달했고 밀, 대추야자, 채소 등을 재배하고 있어요. 최근 일부 사막에서는 댐 건설이나 대수로 공사로 작게나마 농경지를 만들어 가고 있지요. 사막 주변에는 스텝 기후가 나타납니다. 이곳은 연 강수량이 250~500mm 정도로 짧은 풀이 자라는 초원을 이루고 있어요. 헝가리의 푸스터, 북아메리카의 프레리, 남아메리카의 팜파스 초원 등 습윤 기후 지역과의 경계 지역에서는 어느 정도 큰 풀이 자라기도 하지요. 강수량이 비교적 많은 스텝은 농경지화되었으나 강수량이 250mm 정도인 건조 초원에서는 소, 양, 말, 낙타 등의 가축을 사육한답니다.

낙농업
서안 해양성 기후 지역은 여름에는 서늘하고 겨울에는 따뜻해 낙농업이 발달했다.

온대 기후 지역 – 온대 계절풍 기후·지중해성 기후·서안 해양성 기후

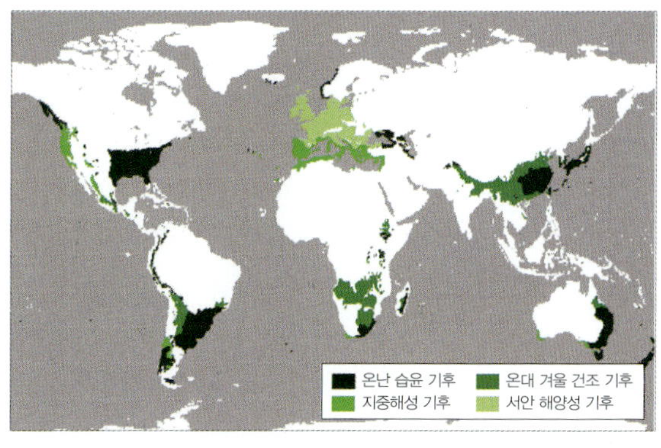

온대 기후 지도

온대 기후 지역은 사계절이 뚜렷하고 인간이 생활하기에 좋아 사람들이 가장 많이 모여 사는 지역입니다. 우리나라도 이 기후 지역에 속하지요. 온대 기후는 크게 중위도 대륙 동안의 온대 계절풍 기후, 대륙 서안의 지중해성 기후, 서안 해양성 기후로 나눌 수 있어요.

온대 계절풍 기후는 위도 20~40°의 대륙 동안에 나타납니다. 계절풍의 영향으로 여름에는 덥고 습하며, 겨울에는 춥고 건조해요. 이 기후가 나타나는 동부 아시아에서는 여름 계절풍을 이용해 일찍부터 벼농사가 발달했습니다. 우리나라 사람들의 주식이 쌀인 이유가 바로 이 때문이지요.

지중해성 기후는 위도 30~40° 부근의 대륙 서안에 나타납니다. 여름에는 아열대 고압대에 속해 덥고 건조하며, 겨울에는 편서풍대에 속해 따뜻하고 습해요. 이 기후에 속하는 지역으로는 지중해 연안을 들 수 있습니다. 지중해 연안에서는 건조한 여름철에 포도, 올리브, 코르크나무 등을 재배하는 수목 농업을 하고, 편서풍의 영향으로 비가 내리는 겨울철에는 밀과 채소를 재배하지요.

벼농사
온대 계절풍 기후에서는 일찍부터 여름 계절풍을 이용한 벼농사가 발달했다.

영국의 안개
서안 해양성 기후 지역에서는 안개가 자주 끼는데, 특히 영국이 안개로 유명하다.

지중해 연안 지중해 연안에서는 건조한 여름철에 포도와 올리브 등을, 겨울철에 밀과 채소 등을 재배한다.

　서안 해양성 기후는 위도 40~60° 부근의 대륙 서안에서 나타나요. 난류와 편서풍의 영향으로 대륙 동안보다 연교차가 작고, 일 년 내내 강수량이 일정합니다. 햇볕이 내리쬐는 날이 적어서 연중 날씨가 흐린 편이며, 여름에는 서늘하고 겨울에는 따뜻한 편이에요. 서안 해양성 기후의 대표적인 지역인 북서 유럽에서는 농작물과 가축 사육을 같이하는 혼합 농업을 하는데, 최근에는 낙농업과 원예 농업에 치중하고 있지요.

냉대 기후 지역과 한대 기후 지역

냉대 기후 지역은 겨울이 길고 몹시 춥지만, 여름에는 기온이 상당히 높아 연교차가 매우 크게 나타납니다. 이 기후 지역의 남부에는 여러 종류의 나무로 이루어진 혼합림이 분포해요. 여름철에는 밀, 호밀, 귀리, 감자 등의 재배가 가능하지요. 그러나 북부에는 '타이가'라고 불리는 침엽수림대가 널리 분포하고 있어요. 침엽수림대는 날씨가 추워서 미생물의 활동이 원활하지 않고 강수량이 비교적 많습니다. 이 때문에 철분이나 염기류 등이 녹아내려 척박한 산성 토양인 포드졸 토가 나타나지요. 우리나라에서는 침엽수림대에 속하

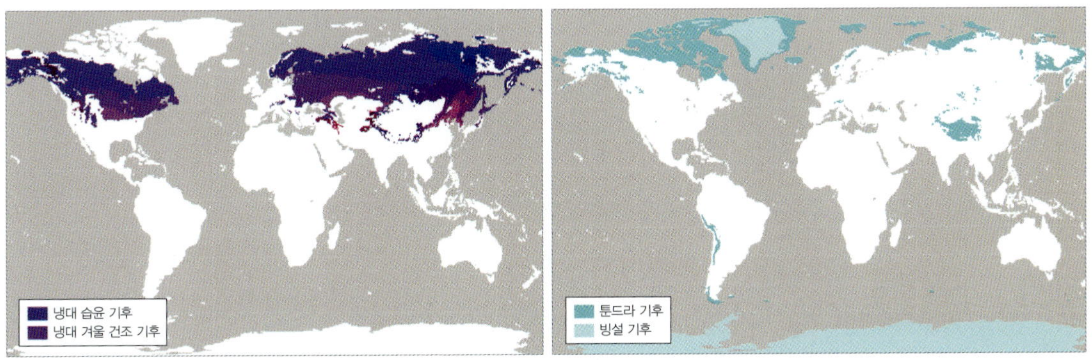

냉대 기후 지도(왼쪽)와 한대 기후 지도

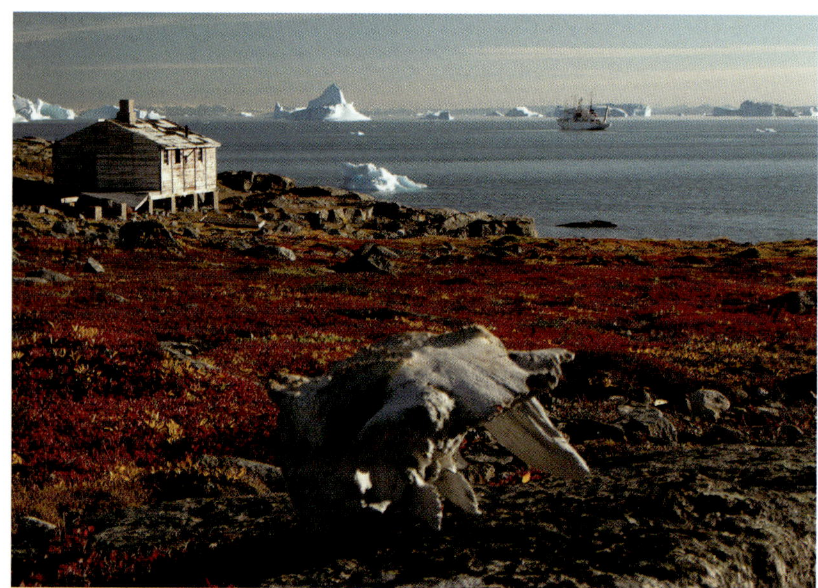

는 개마고원 일대에 포드졸 토가 분포하고 있어요. 이 타이가 지대에서는 과거에 모피 동물의 사냥이 성행했지만 현재는 침엽수림을 이용한 목재, 펄프 산업이 발달했답니다.

극지방에 분포하는 한대 기후 지역에서는 나무가 자라지 못하고, 여름에는 하루 종일 해가 지지 않는 백야 현상도 나타납니다. 한대 기후는 크게 툰드라 기후와 빙설 기후로 나눌 수 있어요. 우선 툰드라 기후는 기온이 0도 이상인 짧은 여름 동안 땅 표면이 녹아서 습지가 되고 이끼류 식물이 자랍니다. 그래서 농업은 불가능하고 이누이트(에스키모), 라프 족 등 소수 민족이 순록 유목이나 어로 및 수렵 생활을 해 오고 있어요. 최근에는 석탄, 석유, 철광석 등 지하자원의 새로운 개발지로 떠오르고 있지요. 또한, 항공 교통이나 군사적 요충지로서의 중요성이 점점 커지고 있어요.

빙설 기후 지역은 일 년 내내 영하의 기온인 데다가 얼음과 눈으

로 덮여 있어 사람들이 집을 짓고 살기에는 어려운 땅입니다. 남극
대륙에는 세계 각국의 과학 연구 기지가 들어서 있어요. 우리나라의
세종 과학 기지도 남극의 킹 조지 섬에 있답니다.

기후에 따라 식물의 상태도 달라진다 – 식생

식생이란 땅 위에 자라고 있는 식물의 상태를 말해요. 자연 상태의
식생은 기후, 토양, 지형 등의 영향을 받습니다. 이 중 기후의 영향
이 가장 커서 대체로 기후대를 따라 띠 모양으로 나타나요. 식생은
대기의 습도 조절, 토양에 유기물 공급, 빗물의 유출 등으로 지형,
기후, 토양에 영향을 미치기도 합니다. 결국 서로서로 영향을 주고
받는 것이지요.

　강수량이 많은 지역에는 삼림이 분포합니다. 저위도에서 고위도

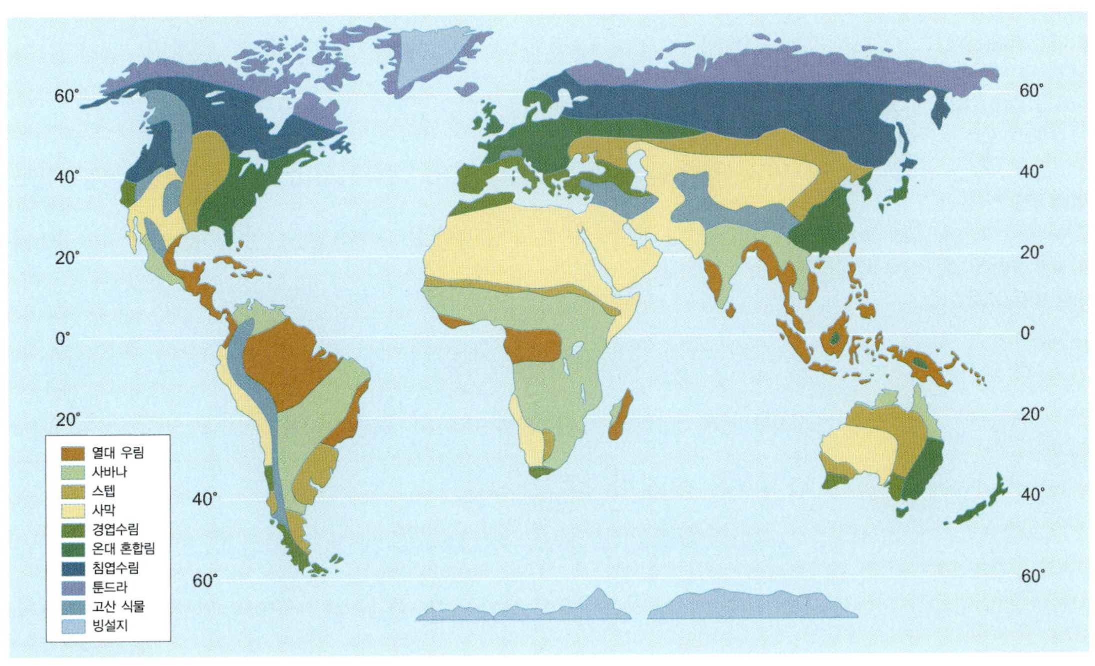

로 가면서 기온이 낮아짐에 따라 열대림, 난대림, 온대림, 냉대림 등이 차례로 나타나지요.

먼저 열대림은 키 큰 상록 활엽수(너른잎나무)가 밀림을 이룬 것으로 수종이 다양한 것이 특징이에요. 난대림도 상록 활엽수림으로 되어 있습니다. 여름에 건조한 대륙 서안에서는 코르크참나무, 올리브나무 등 작고 두꺼운 잎을 가진 나무인 경엽수가 자라고, 겨울에 건조한 대륙 동안에서는 동백나무와 같이 잎이 두텁고 반짝반짝 빛나는 조엽수가 자라지요.

온대림은 참나무 종류, 소나무 등 낙엽 활엽수와 침엽수(바늘잎나무)가 함께 자라는 혼합림이에요. 온대림 지역은 인류의 주요 생활

기후에 따른 나뭇잎 모양

기후에 따라 나뭇잎의 모양은 다르게 나타난다. 열대 우림 지역에서는 평평하고 넓은 잎을 가진 키 큰 상록 활엽수가 자란다. 난대림 지역에도 상록 활엽수림이 분포한다. 여름에 건조한 대륙 서안에서는 코르크참나무, 올리브 나무 등 작고 두꺼운 잎을 가진 경엽수가 자라고, 겨울에 건조한 대륙 동안에서는 동백나무와 같이 잎이 두텁고 반짝반짝 빛나는 조엽수가 자란다. 온대림에서는 단풍나무와 같은 낙엽 활엽수와 소나무와 같은 침엽수가 함께 자란다.

상록 활엽수(늘 푸른 넓은 잎 나무)

경엽수(작고 두꺼운 잎 나무)

조엽수(작고 반짝반짝 빛나는 잎 나무)

침엽수(바늘처럼 뾰족한 잎 나무)

무대이고, 숲이 개간되거나 자연림이 인공림으로 된 곳이 많답니다.

냉대림은 타이가라 불리는 침엽수림이 널리 분포하고 있어요. 수종이 단순해 개발하기 편리할 뿐만 아니라 펄프의 원료가 되는 나무들이 많아 목재나 종이의 주재료가 되고 있지요.

고산 지대에서는 위로 올라갈수록 기온이 낮아지면서 삼림대가 수직적으로 분포하기도 합니다.

나무가 자랄 만큼 충분한 비가 내리지 않는 지역은 풀이 주로 자라는 초지가 형성돼요. 초지는 짧은 풀의 스텝과 긴 풀의 프레리로 구분됩니다. 키 큰 풀의 초지에 키 작은 나무가 드문드문 서 있는 경우는 사바나라고 부르지요.

기후가 흙을 만든다 – 토양

열대 기후 지역에서는 덥고 비가 많이 오기 때문에 유기질, 염기 등 식물의 영양소가 분해되어 씻겨 나가고 토양 속의 철분 등이 산화되어 붉어집니다. 이렇게 만들어진 토양을 라테라이트 토라고 해요. 이 토양은 척박해 농사를 짓기 힘들답니다.

반대로 냉대 기후 지역에서는 유기질이 잘 분해되지 않아 회백색의 포드졸 토가 형성돼요. 이 토양 역시 염기가 부족하고 산성도가 높아 농사에는 적합하지 않지요. 온대 지방에서는 이 두 토양대의 중간 형태인 갈색 삼림토가 형성되는데, 이 토양은 비교적 비옥합니다.

옛 소련의 곡창 지대로 불렸던 우크라이나와 동유럽, 미국 중서부에서 캐나다에 이르는 밀 생산 지대 등 세계적인 곡창 지대에는 유

기후에 따른 토양의 종류

기후에 따라 토양의 종류도 다양하게 나타난다. 열대 기후 지역에서는 붉은 라테라이트 토가, 냉대 기후 지역에서는 회백색의 포드졸 토가 만들어지는데, 둘 다 농사에 적합하지 않다. 온대 지방에서는 이 두 토양대의 중간 형태인 갈색 삼림토가 형성되는데, 이 토양은 비교적 비옥하다.

포드졸 토(냉대) 열대 지역과 반대로 유기질이 잘 분해되지 않아 회백색을 띤다.

라테라이트 토(열대) 비가 많이 와 유기질, 염기 등 식물의 영양소가 씻겨 나가고 철분이 산화되어 붉은색을 띤다.

갈색 삼림토(온대) 라테라이트 토와 포드졸 토의 중간 형태의 토양으로 갈색을 띤다.

검은색의 체르노젬 토

미국 뉴욕 주의 오렌지 카운티에 체르노젬 토로 형성된 농토가 펼쳐져 있다. 체르노젬 토는 우크라이나와 동유럽, 미국 중서부에서 캐나다에 이르는 밀 생산 지대 등 세계적인 곡창 지대에 형성되어 있다.

기질이 축적된 검은색의 체르노젬 토(흑색 초원 토)가 형성되어 있어요.

토양은 암석이 지표면에 노출될 때 부서져서 만들어집니다. 토양은 크게 성대 토양과 간대토양으로 나눌 수 있어요. 성대 토양은 기후와 식생의 영향을 받아 형성된 토양층입니다. 기후가 띠 모양으로 분포하지요. 기후의 영향을 받은 토양도 '띠를 이루고 있다' 해 성대 토양이라고 부르는 것입니다.

간대토양은 성대 토양의 중간중간에 끼어 있는 토양이에요. 이 토양은 현무암 지대, 석회암 지대와 같은 특정 지형의 암석이 풍화되어 만들어집니다. 흑색의 현무암 풍화토인 레구르 토로 형성된 인도 데칸 고원에서는 목화를 주로 재배하고, 보라색의 현무암 풍화토인 테라 록사로 형성된 브라질 고원에서는 커피를 주로 재배하고 있어요. 적색의 석회암 풍화토는 테라 로사라고 합니다.

세계적인 곡창 지대는 왜 반건조 기후 지역에 있을까요?

세계적인 곡창 지대는 미국의 그레이트 플레인스, 아르헨티나의 팜파스, 우크라이나 등지인데, 이곳의 연평균 강수량은 350~700mm 정도입니다. 우리나라의 연평균 강수량이 약 1,200mm 정도인 것을 감안하면 강수량이 그리 많지는 않다는 것을 알 수 있지요. 비가 많이 오는 습윤 기후도 아니고 그렇다고 비가 거의 오지 않는 건조 기후도 아니기 때문에 반건조 기후라고 부릅니다. 이 정도의 강수량이면 나무가 자라기에는 부족하지만 풀이 살기에는 아주 적당해요. 그래서 반건조 기후 지역에는 한해살이 풀들이 수천 년 동안 나고 죽기를 반복하면서 토양의 맨 위층에 고스란히 쌓여 있습니다. 비가 적게 오기 때문에 거름 성분들이 흐르는 빗물에 씻겨 나가지도 않아요. 이것은 땅을 비옥하게 하는 거름이 되지요. 그래서 땅 색이 약간 거무스름한 빛을 띠고 있기 때문에 '흑토'라고도 불립니다. 비옥한 흑토는 다른 곳에 비해 생산성이 뛰어나 세계적인 곡창 지대를 형성하게 되었지요.

미국의 그레이트 플레인스

5 점점 좁아지는 지구촌 |
세계의 인구·인종·언어·종교·경제

이 책을 읽는 지금 이 순간에도 수많은 아기가 태어나고, 시계 초침이 째깍하는 순간에 또 누군가는 죽을 것입니다. 하지만 죽는 사람보다 태어나는 아기가 많기 때문에 지구는 나날이 사람들로 북적이게 되지요. 월드컵 경기가 있던 날, 시청 광장을 가득 메웠던 붉은 악마를 기억하나요? 그날에는 경기가 시작되기 몇 시간 전부터 사람들이 모여들기 시작했어요. 특히 지하철 입구에서 사람들이 떼를 지어 나오는 모습은 긴 장마 후 댐에서 강물을 방출하는 것과 흡사했지요. 붉은 폭포수가 콸콸콸 넘쳐 나온다고나 할까요. 이 세상에 많은 사람이 살고 있다는 사실을 실감할 수밖에 없지요. 만약 지구에 사는 모든 사람이 한자리에 모인다면 어떻게 될까요? 지구에는 70억 명에 가까운 사람들이 살고 있는데 말이지요.

- 세계 인구는 2011년 기준으로 약 69.7억 명이고, 세계에서 인구가 가장 많은 나라는 중국으로 인구는 약 13.5억 명이다.

- 세계의 인종은 크게 몽골 인종(황인종), 코카서스 인종(백인종), 니그로 인종(흑인종)으로 나뉜다.

- 세계에는 194개 이상의 나라가 있고 7,000여 개의 언어가 있다.

- 세계의 4대 종교는 기독교, 이슬람교, 힌두교, 불교다. 그 외에도 수많은 종교가 존재한다.

- WTO가 결성되어 자유 무역이 촉진되었고, EU, NAFTA, APEC 등의 지역 경제 블록이 형성되어 국가 간 국제적 협력이 증대했다.

세계에는 얼마나 많은 사람이 살고 있을까?

식량 생산량이 늘어나고 의학이 발달하면서 세계 인구는 빠르게 증가하고 있어요. 2011년 10월 기준으로 세계 인구는 약 69.7억 명이고, 1초에 4.4명의 아기가 태어나고 있습니다. 1초에 2.4명의 사람이 죽으므로 1초마다 약 2명의 인구가 늘어나고 있는 셈이지요. 이런 속도로 인구가 증가한다면 50년 후에 세계 인구는 90억 명이 넘게 될 거예요.

세계에서 가장 인구가 많은 나라는 약 13.5억 명의 중국이고, 다음으로 많은 나라는 약 12억 명의 인도예요. 하지만 인도의 인구 증가 속도가 중국을 훨씬 앞지르고 있어 인도가 인구 1위의 대국이 될 것으로 예측하고 있답니다. 인구 밀도가 가장 높은 나라는 $1km^2$의 땅에 무려 1만 7,000여 명이 살고 있는 모나코예요. 넓은 초원의 나라 몽골에는 $1km^2$의 땅에 1.7명이 살고 있지요.

세계는 인구 문제에 시달리고 있습니다. 자원은 한정되어 있는데 인구는 계속 늘어나고 있기 때문이에요. 인구가 많은 것이 문제이기

세계의 인구
현재 세계 인구는 약 70억 명에 달하고 있다. 특히 중국과 인도의 인구는 세계 최고다.

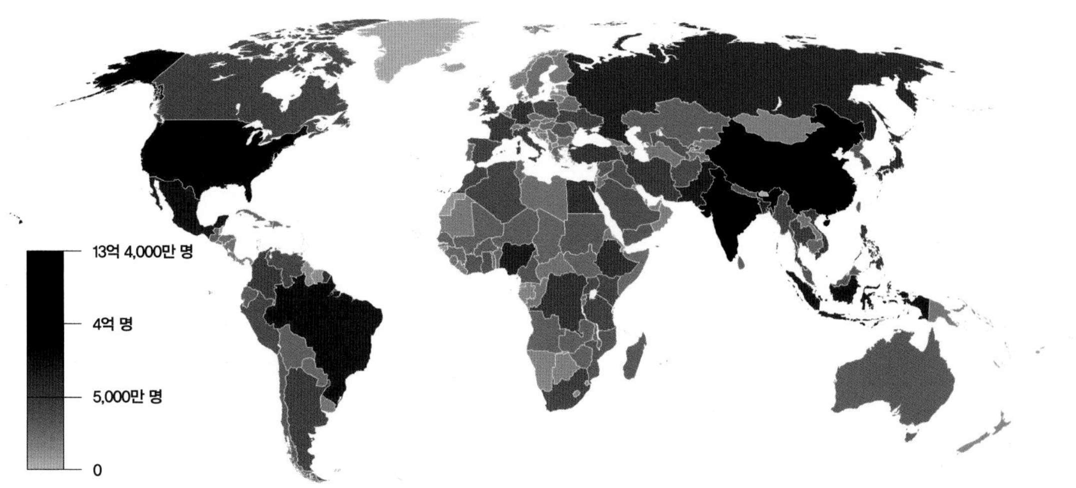

는 하지만 인구가 줄어드는 것도 문제입니다. 아시아, 아프리카, 남아메리카에 속한 가난한 나라들 대부분은 인구가 빠른 속도로 늘고 있기 때문에 가난에서 벗어나기가 어려워요. 반면에 유럽과 북아메리카의 잘사는 나라들은 태어나는 아기가 너무 적어서 걱정입니다. 인구가 적으면 일할 사람도 적어지기 때문이에요. 우리나라도 출산율이 갈수록 낮아지고 있어 출산 장려책을 쓰고 있지요.

서로 어울려 사는 지구촌 사람들

지구 위에서 바글거리며 살고 있는 70억 명의 사람 중에서 완벽하게 똑같이 생긴 사람은 단 한 명도 없습니다. 쌍둥이라 해도 완전히 똑같지는 않아요. 여러분이 잘 알다시피 사람들 중에는 백인도 있고 흑인도 있고 황인도 있습니다. 이런 다양한 피부색의 사람들을 '인종(race)'으로 구분할 수 있어요.

세계의 인종은 크게 몽골 인종(황인종), 코카서스 인종(백인종), 니그로 인종(흑인종)으로 나누어집니다. 주로 동아시아와 태평양의 여러 섬, 아메리카 대륙에 살고 있는 몽골 인종은 황갈색 피부와 검고 곧은 머리카락을 가지고 있어요. 유럽, 북아메리카, 서남아시아에 살고 있는 코카서스 인종은 밝은 피부색과 높은 코를 갖고 있지요. 아프리카의 사하라 사막 남쪽에 살고 있는 니그로 인종은 검은 피부, 곱슬머리, 낮은 코, 두꺼운 입술을 갖고 있답니다.

그렇다면 왜 이렇게 인종 간의 차이가 나타나는 것일까요? 원래 초기 인류는 아프리카에서만 살았어요. 아프리카가 인류의 기원지인 셈이지요. 아프리카에서 살던 사람들은 점차 주변 지역으로 이동

했어요. 이동해 정착한 사람들은 그 지역의 기후에 맞게 적응하면서 변해 갔지요. 그래서 지금처럼 사람들의 생김새가 다양하게 나타난 거예요.

세계에는 얼마나 많은 나라와 언어가 있을까?

지구에는 대륙이 일곱 개밖에 없지만 대륙마다 수많은 나라가 있습니다. 세계에는 194개 이상의 나라가 있어요.

집집마다 가장이 있고 축구팀마다 주장이 있듯이 나라에는 통치자가 있습니다. 왕이 통치하는 나라도 있고 대통령이 통치하는 나라도 있으며 왕과 대통령이 함께 통치하는 나라도 있지요. 왕은 아버지가 왕이라는 이유로 왕이 되고, 왕의 아들도 훗날 같은 이유로 왕이 됩니다. 하지만 대통령은 국민이 대표를 선출하는 방식인 선거를 통해 결정돼요. 왕은 죽을 때까지 왕으로 군림하지만 대통령은 몇 년 동안만 통치할 수 있지요.

한 사람이 여러 나라를 다스리면 황제라 하고, 황제가 지배하는 나라를 제국이라고 합니다. 고대 로마 제국을 예로 들 수 있어요. 지금은 이러한 형태의 제국이 존재하지는 않지요. 왕이 다스리는 나라는 왕국 혹은 군주국이라고 합니다. 왕이 직접 다스리는 정치 체제를 전제 군주국이라고 해요. 사우디아라비아, 요르단, 아랍 에미리트 등이 이에 속합니다. 또한, 군주국의 일종이지만 역사적으로 왕보다 지위가 낮은 귀족이 다스리는 나라를 공국이라고 해요. 현재 모나코, 리히텐슈타인, 안도라, 산마리노, 룩셈부르크 등이 공국으로 남아 있답니다.

왕은 상징적인 존재일 뿐이고 국민이 뽑은 수상과 국회 의원으로 이루어진 내각이 다스리는 나라는 입헌 군주국이라고 해요. 일본과 영국이 이에 속하지요. 영국 왕을 국가 원수로 하는 영국 연방에 속하는 나라는 무려 54개국이나 됩니다. 그래서 영국을 '해가 지지 않는 나라'라고 하지요. 오스트레일리아, 뉴질랜드, 캐나다, 인도, 남아프리카 공화국 등 영국 연방은 대통령이 아니라 수상이 나라를 다스려요.

대통령이 통치하는 나라는 공화국이라고 합니다. 공화국에서는 나라의 주권이 국민에게 있어요. 우리나라를 비롯한 세계 대부분의 나라가 민주 공화국을 채택하고 있지요. 19세기경까지는 군주국이 많았으나 민주주의가 확산되면서 대다수 나라가 공화국이 되었습니

영국의 엘리자베스 2세 여왕 (1926~)

영국은 입헌 군주국으로 국왕이 존재하지만, 실질적인 정치권력을 갖고 있지는 않다. 대신 의회 민주주의를 채택해 수상과 국회 의원으로 이루어진 내각이 나라를 다스리고 있다.

다. 러시아 연방은 공화국이 여러 개 모여 하나의 큰 나라를 이룬 경우예요. 미국도 연방 국가입니다. 미국의 50개 주는 공화국에 해당되지요.

나라마다 사용하는 언어가 다릅니다. 심지어 같은 나라 안에서 서로 다른 말을 쓰기도 하지요. 세계에는 7,000여 개의 언어가 있어요. 인도에만 180여 개의 언어가 있다고 하니 정말 놀랍지요? 2,500여 개의 언어는 사용 인구가 1,000명이 안 된다고 합니다. 몇백 년 후에는 불과 수십 개의 언어만 살아남는다고 하는데, 그중에 한국어도 포함될지 몰라요. 우리말 사랑이 중요한 이유입니다.

대부분 언어에서 문자는 영어의 알파벳과 비슷한데, 이런 글자를 로마자라고 해요. 아주 오래전에 로마 사람들이 처음 사용했기 때문에 붙여진 이름이지요. 하지만 중국어, 일본어, 한국어를 비롯한 다른 언어는 글자 모양이 전혀 다릅니다.

종교가 세상을 연결하다

대륙 중에서 가장 넓은 아시아에는 많은 사람이 살고 있어요. 유럽과 아메리카는 기독교라는 종교적 공통성을 지니고 있지만 아시아의 종교는 매우 복잡하답니다.

기독교는 예수를 그리스도(구원자)로 믿는 종교예요. 고대 이스라엘에서 기원해 로마 제국의 확대와 함께 유럽으로 전파되었지요. 시간이 흐르면서 가톨릭, 개신교, 그리스 정교 등으로 분화되었어요.

지금 우리가 믿는 기독교는 서로마로부터 내려온 가톨릭에 뿌리를 두고 있습니다. 그런데 16세기 종교 개혁 시기에 다시 개신교와 분리되었지요. 러시아와 동유럽은 동로마로부터 나온 그리스 정교를 믿고 있어요. 기독교는 종파별로 예배하는 건물의 규모와 형태가 다양하게 나타납니다. 가톨릭교회는 크고 장엄하지만 신교 교회는 비교적 단순하지요. 지금은 분리된 종파 간에 평화적으로 화합하려는 운동도 벌어지고 있답니다.

이슬람교는 군사적 정복 활동과 중세 유럽 상인들의 무역 활동에 힘입어 아시아와 아프리카 일대로 광범위하게 확산되었어요. 이슬람교에서 가장 신성한 장소는 무함마드가 탄생한 메카입니다. 무함마드가 신의 계시를 받은 예루살렘도 신성한 장소지요.

이슬람교는 교리에 따라 돼지고기를 금기시해요. 건조 지역의 유목민은 사막의 초원을 이동해야 합니다. 따라서 이들은 먼 거리를

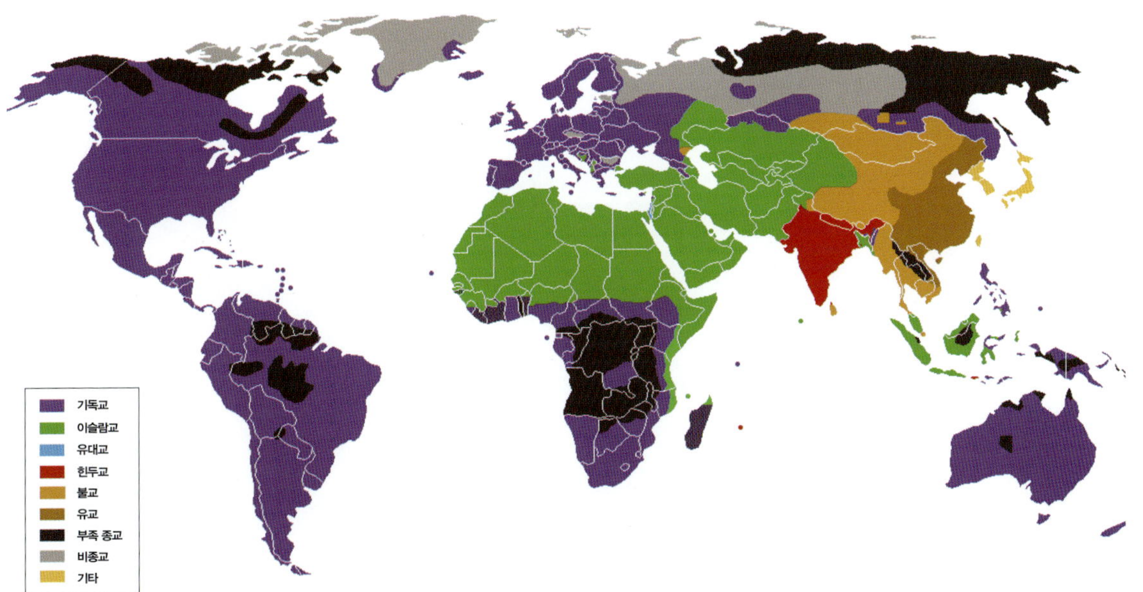

이동할 때 데리고 다니기 불편한 돼지보다는 양, 염소, 말 등을 선호했어요. 이런 이유로 돼지고기를 금기시하게 됐다고 해석하기도 합니다. 이슬람교에서는 교리에 따라 음주를 엄격히 금하고 있지만 가톨릭교는 어느 정도 관대하지요.

이슬람교는 크게 수니파와 시아파로 나뉘는데 대부분의 무슬림은 수니파에 속합니다. 시아파에 속하는 무슬림은 전체의 약 16%이고, 이란과 이라크에 집중되어 있어요.

불교는 발생지인 인도에서는 쇠퇴했지만 동북아시아, 동남아시아, 티베트, 몽골 등지로 확산되어 다양한 종파로 발전했어요. 불교의 신성한 장소는 인도 북동부에 편중되어 있습니다. 그중 가장 신성한 곳은 석가모니가 태어난 룸비니와 최초로 설법을 시작한 바라나시의 녹야원이에요.

중국, 우리나라, 일본 등으로 전파된 대승 불교는 그 지역의 토착 신앙과 어우러져 독자적인 모습을 띠며 발전했어요. 스리랑카와 동남아시아로 전파된 상좌부 불교는 그 지역의 정치·경제와 밀접한

예루살렘 전경
유대 인의 나라인 이스라엘의 수도다. 유대 인은 자신들을 신이 선택한 민족이라 믿고 있다.

통곡의 벽 앞에서 토라를 읽는 유대 인

통곡의 벽은 이스라엘 예루살렘 서쪽 성벽 일부로 유대 인의 성지다. 토라는 유대 인의 율법 경전을 말한다.

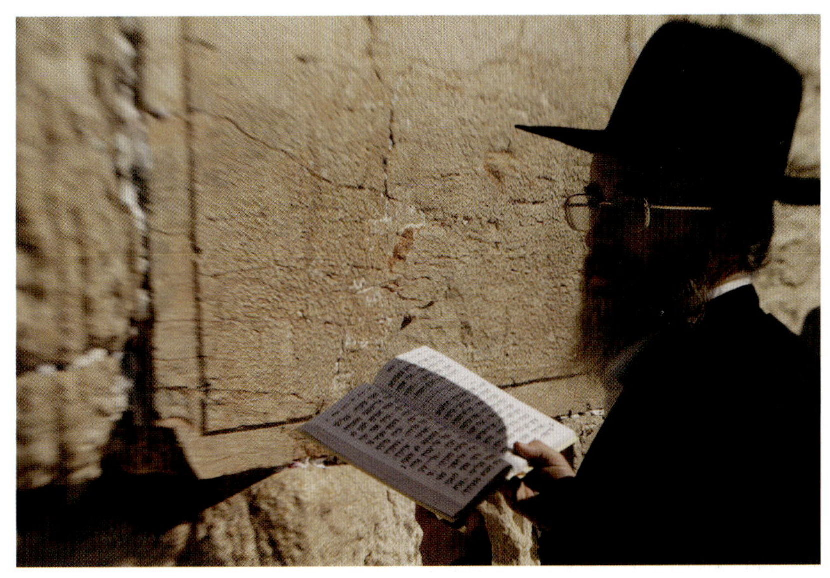

관계를 맺으며 발전했지요.

민족 종교인 힌두교와 유대교는 포교 대상이 한정되어 크게 확산되지는 않았습니다. 힌두교는 인도와 동남아시아 일부 지역에 한정되어 있고, 유대교는 유대 민족의 분포와 대체로 일치해요. 힌두교도들은 윤회 사상을 믿기 때문에 채식을 선호합니다. 특히 소를 신

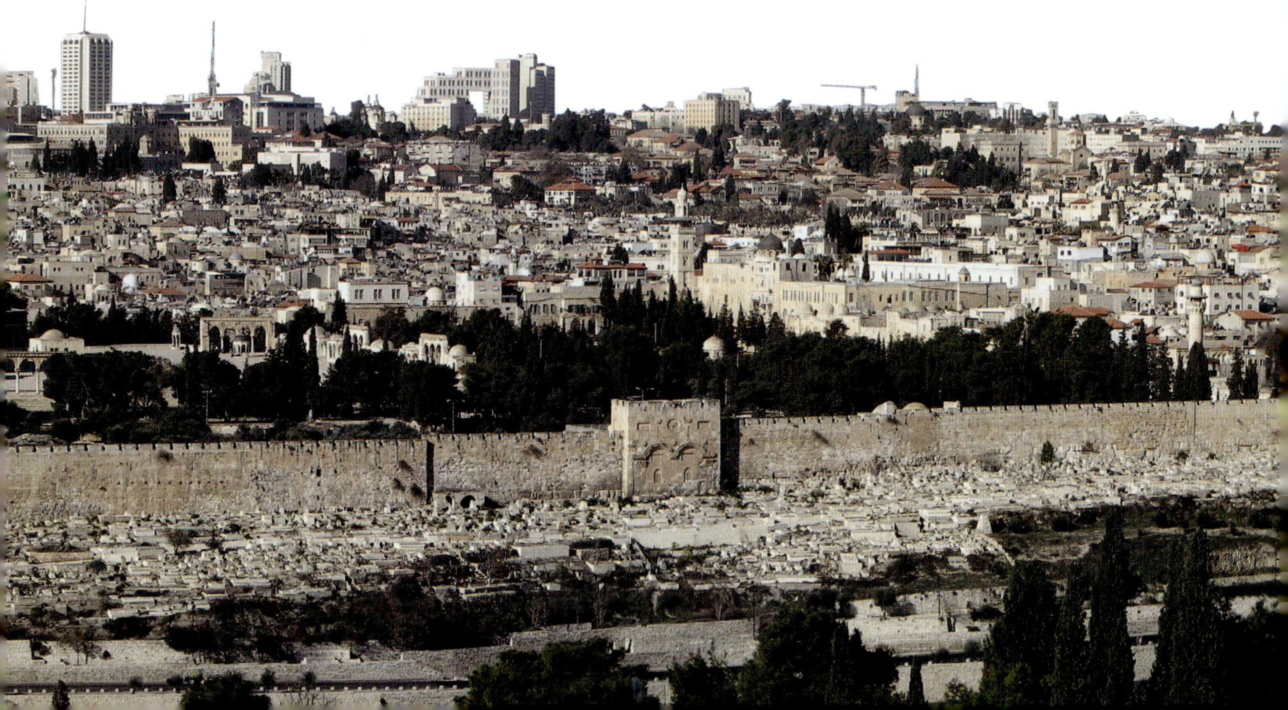

소들의 천국
힌두교도는 윤회 사상을 믿고 소를 신성시하기 때문에 소를 사육하거나 먹지 않는다. 덕분에 인도의 소들은 자유롭게 거리를 돌아다닌다.

성시하기 때문에 쇠고기를 먹지 않아요. 유대교는 돼지고기, 조개, 비늘 없는 물고기 등을 금하고 있지요. 고기와 유제품을 함께 먹는 것도 금하고 있어서 이스라엘에서는 패스트푸드점에서 치즈 버거를 찾아볼 수 없답니다.

제국주의 국가들의 식민지 지배도 종교와 문화의 전파에 큰 영향을 주었어요. 미얀마, 말레이시아는 영국의 식민지였고, 베트남, 라오스, 캄보디아 등 인도차이나 반도의 일부는 프랑스의 식민지였지요. 필리핀은 스페인과 미국의 식민지였고, 인도네시아와 동티모르는 네덜란드와 포르투갈의 식민지였어요. 특히 필리핀과 동티모르에 기독교가 뿌리내리고 있는 것은 과거의 식민지 지배와 깊은 관련이 있지요.

떼려야 뗄 수 없는 지구촌 살림살이

영국의 경제학자 토머스 맬서스는 『인구론』에서 "인구는 기하급수적으로 증가하나 식량은 산술급수적으로 증가하므로 인구와 식량 사이에 필연적으로 불균형이 발생할 수밖에 없다. 여기에서 기근, 빈곤, 악덕이 발생한다. 이를 막기 위해서는 출산율을 낮춰야 한다."라고 주장했어요. 하지만 요즘 우리나라는 오히려 저출산이 문제가 되고 있지요.

인구의 증가는 생산의 증가 없이는 생각할 수 없습니다. 세계 인

구가 급속히 증가했지만 생산이 증대되고 교류 활동이 활발해지면
서 많은 사람이 과거보다 더 풍족한 생활을 누리고 있어요.

19세기 후반부터 교통과 통신의 발달로 국제 무역이 활발히 이루
어졌습니다. 1948년에는 무역 장벽 철폐를 골자로 하는 관세 및 무
역에 관한 일반 협정(GATT)이 체결되었어요. 1995년에는 무역에
관한 막강한 구속력을 지닌 세계 무역 기구(WTO)가 결성되어 세계
자유 무역이 적극적으로 추진되었지요. 최근에는 150여 개의 세계
무역 기구 가입국이 동시에 협상을 진행하기 어려워서 양자 간 협
상을 통해 자유 무역 협정(FTA)을 체결하려는 경향이 늘어나고 있
답니다.

이런 국제 협력에 힘입어 세계 무역량은 빠르게 늘었습니다. 특히
브릭스(BRICS)라고 불리는 브라질, 러시아, 인도, 중국, 남아프리
카 공화국 등 신흥 공업국의 성장이 주목받고 있어요. 이 중 중국은
2007년에 세계 2위의 수출국이 되었지요. 이제 중국 없이는 선진국
국민의 소비 생활이 어려울 정도예요.

한편 세계 무역 기구의 자유 무역 체제 하에서 유럽 연합(EU), 북
미 자유 무역 협정(NAFTA), 아시아 태평양 경제 협력체(APEC)와
같은 지역 경제 블록이 형성되었습니다. 서로 관세 상의 혜택을 주
고, 다른 국가에 대해서는 높은 관세를 부과하고 있지요.

다국적 기업은 경제 블록과 자유 무역 협정을 이용해 주로 임금이
싼 개발 도상국에 공장을 설치해 운영하고 있어요. 문제는 다국적
기업의 공장이 들어선 개발 도상국의 해외 의존도가 심해진다는 것
입니다. 게다가 상황이 안 좋아지면 다국적 기업이 쉽게 생산 시설

지역 경제 블록

세계 무역 기구로 세계 경제 무역이 자유롭게 이루어졌지만, 지역적으로 가까운 나라끼리는 경제 블록을 만들기도 했다. 같은 블록 안에 있는 나라들은 서로 관세 혜택을 주는 등 경제적 협력을 꾀하지만, 블록 외의 국가에 대해서는 경제적인 차별을 둔다. 대표적인 지역 경제 블록으로 유럽 연합(EU), 북미 자유 무역 협정(NAFTA), 아시아 태평양 경제 협력체(APEC) 등이 있다.

유럽 연합 의회 프랑스 스트라스부르크에 있는 유럽 연합 의회 본부에서 본회의가 열린다.

유럽 연합 회원국 유럽 연합은 2020년 기준으로 총 27개 회원국으로 이루어진 유럽의 정치 · 경제 공동체다.

북미 자유 무역 협정 최초 체결
1992년 10월에 열린 북미 자유 무역 협정의 가서명식 모습이다. 뒤편 왼쪽부터 당시 멕시코 대통령 살리나스, 미국 대통령 부시, 캐나다 총리 멀로니다.

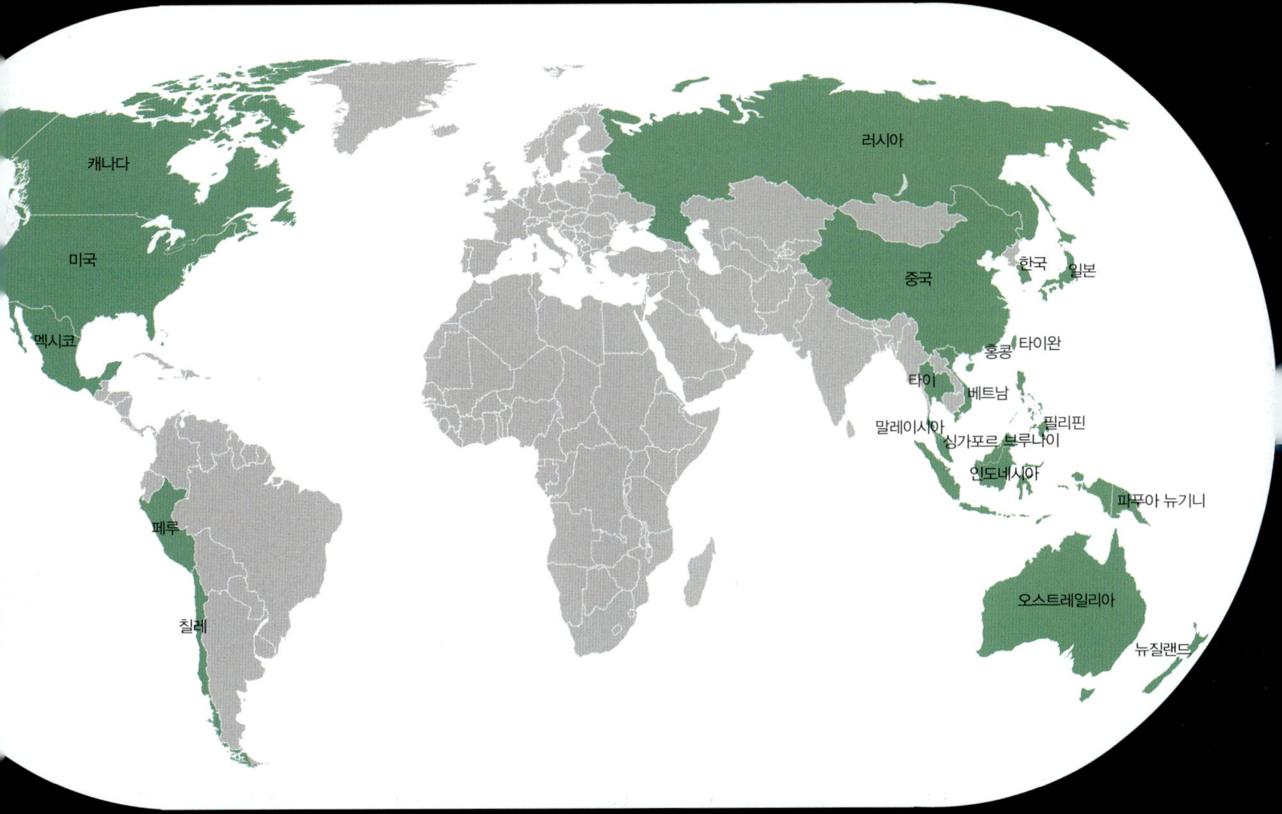

아시아 태평양 경제 협력체 회원국 아시아 태평양 경제 협력체는 태평양 주변 지역 국가 간의 경제 협력과 무역 증진을 위해 만들어진 협력 기구다. 현재 회원국은 총 21개국이다.

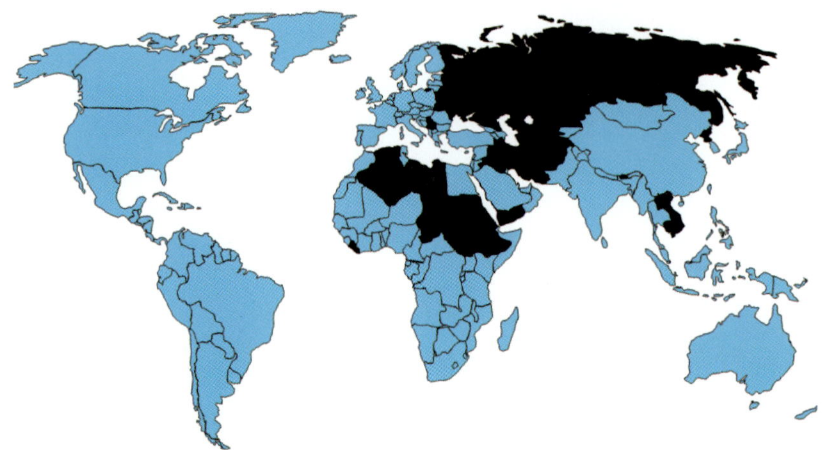

을 폐쇄하는 경우가 많지요.

이런 문제들 때문에 선진국과 개발 도상국 간의 발전 속도가 더욱 크게 벌어지면서 반세계화 목소리도 거세지고 있어요. 불평등한 무역 구조의 문제점을 해결하기 위한 노력이 비정부 기구(NGO)를 통해 이루어지고 있지요. 대표적인 예로 공정 무역을 들 수 있습니다. 이것은 개발 도상국의 생산자에게 정당한 가격을 주고 구매한 제품을 선진국의 소비자가 직접 구매하도록 유도하는 윤리적 운동이에요. 영국의 대형 슈퍼마켓인 막스 앤 스펜서(Marks & Spencer)는 커피와 차 제품을 모두 공정 무역 상품으로 교체했습니다. 이러한 공정 무역은 저개발 국가의 빈곤 퇴치에 한몫을 하고 있어요. 🏺

화산과 지진이 활발한 곳에 인구가 밀집되어 있는 이유는 무엇일까요?

자바 섬은 인도네시아 전체 면적의 약 7%를 차지하지만 2억 명이 넘는 인도네시아 인구의 약 70%가 거주하고 있어 세계에서 인구 밀도가 가장 높은 섬입니다. 또한, 환태평양 조산대와 알프스—히말라야 조산대가 만나는 곳에 있어 지진과 화산 활동이 자주 일어나는 곳이기도 하지요. 2010년에도 자바 섬에서 화산이 폭발해 많은 사람이 숨졌어요. 항상 위험이 도사리고 있는데도 불구하고 이 지역에 많은 인구가 모여 사는 이유는 바로 화산재로 이루어진 토양이 벼농사에 유리하기 때문입니다. 중국, 인도, 미국에 이어 인구가 많은 인도네시아는 벼농사가 가장 잘되는 곳이에요. 세계의 주요 화산과 지진대에 해당함에도 불구하고 인구가 집중된 곳은 자바 섬만이 아닙니다. 미국 서부의 캘리포니아 지역도 지진이나 산불이 자주 발생하지만 많은 사람이 선호하는 곳이에요. 이 지역은 인간 생활에 유리한 기후 조건과 더불어 컴퓨터 관련 IT 등의 첨단 산업과 영화, 오락, 관광 산업이 발달했기 때문이지요.

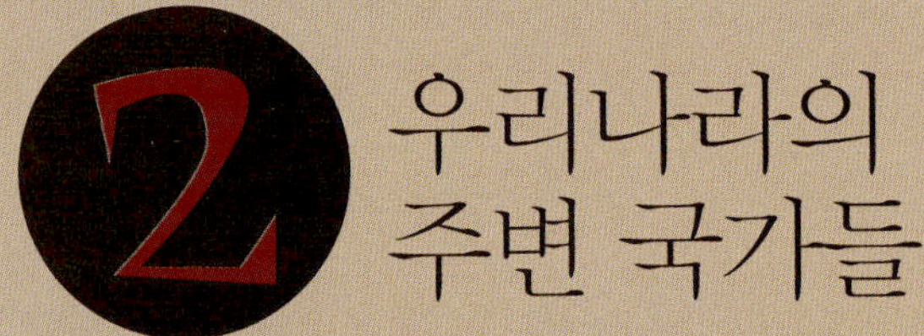

2 우리나라의 주변 국가들

　　우리와 가장 가까운 나라들을 묻는다면 중국과 일본, 러시아를 쉽게 떠올릴 수 있을 거예요. 우리나라를 중심으로 동쪽에는 일본, 서쪽에는 중국, 북쪽에는 러시아가 둘러싸고 있으니까요. 중국과 일본은 우리나라와 지리적으로 가까울 뿐만 아니라 고대부터 현대에 이르기까지 동일한 문화권을 이루어 왔습니다. 러시아는 극동에서 유럽에 걸쳐 있는 엄청나게 큰 나라지요.

　　중국과 일본은 우리나라와는 다른 독자적인 문화를 발전시켜 왔어요. 황허 강, 양쯔 강과 같은 큰 강 유역을 중심으로 역사와 문화를 발전시켜 온 중국은 아시아 문화를 대표하는 나라로 손꼽혀 왔지요. 교통과 통신이 발달한 현대에는 문화뿐만 아니라 동아시아 경제권의 주축 역할을 할 만큼 중요한 위치를 차지하고 있어요.

　　일본 또한 우리나라를 통해 대륙 문화를 수용하면서도 섬나라 특유의 독자적인 문화를 만들어 왔습니다. 일본은 일찍부터 서양 문물을 받아들이며 근대 국가로 성장했어요. 제2차 세계 대전에서 패하면서 폐허가 되어 버렸지만, 기술 개발과 국제 교역을 통해 세계 경제 대국으로 우뚝 섰지요.

　　러시아는 세계에서 가장 넓은 나라지만 그에 비해 인구가 많지는 않아요. 세상에서 가장 춥다는 시베리아를 품고 있는 나라여서인지 옛날부터 사람들은 따뜻한 남쪽으로 가려고 했답니다. 그 목표 중 하나가 우리나라이기도 했지요.

러시아
키로프
페름
예카테린부르크
옴스크
노보시비르스크
바이칼
첼랴빈스크
이르쿠츠크
오스크바
몽골
울란바토르
하얼빈
블라디보스토크
베이징
삿포로
일본
중국
상하이
도쿄
충칭
교토
홍콩
광저우

1 꽃이 만발한 땅 |
중국의 인문 · 자연환경

자기로 된 컵, 접시, 쟁반 따위를 영어로 '차이나'라고 합니다. 자기를 처음 생산한 나라가 중국이었기 때문이지요. 이뿐만 아니라 비단, 차, 종이, 인쇄술, 나침반, 화약, 카드놀이, 니스 모두 중국에서 처음 발명되었다고 알려져 있으며 금붕어의 원산지도 중국입니다. 그러나 중국인들은 '중국'이라는 이름 대신 '꽃이 만발한 땅'이라는 뜻의 '중화(中華)'라는 이름을 더 좋아하지요. 중화는 중국보다 훨씬 예쁜 이름이지만 실제로 중국을 꽃이 만발한 땅이라 볼 수는 없어요. 예부터 문명과 문화의 꽃은 만발했지만 중국의 모든 땅에 꽃을 피울 수는 없었지요. 높은 고원이 많을 뿐 아니라 최근에는 사막이 점점 넓어지고 있으니까요.

- 중국 수도인 베이징의 중심에는 명 · 청 시대 황제가 살았던 '자금성'이라는 세계 최대의 성이 있다.
- 실크로드는 한 제국 때 만들어진 동방과 서방의 육상 무역로다. 중국 시안에서 출발해 지중해 연안까지 이른다.
- 만리장성은 진시황 때 증축했고 이후 2,000년 동안 대대적으로 확장했다. 지도상 길이는 약 2,700km에 이른다.
- 중국에서는 내륙 개발 정책 때문에 사막화가 진행되면서 심각한 환경 문제가 일어나고 있다.

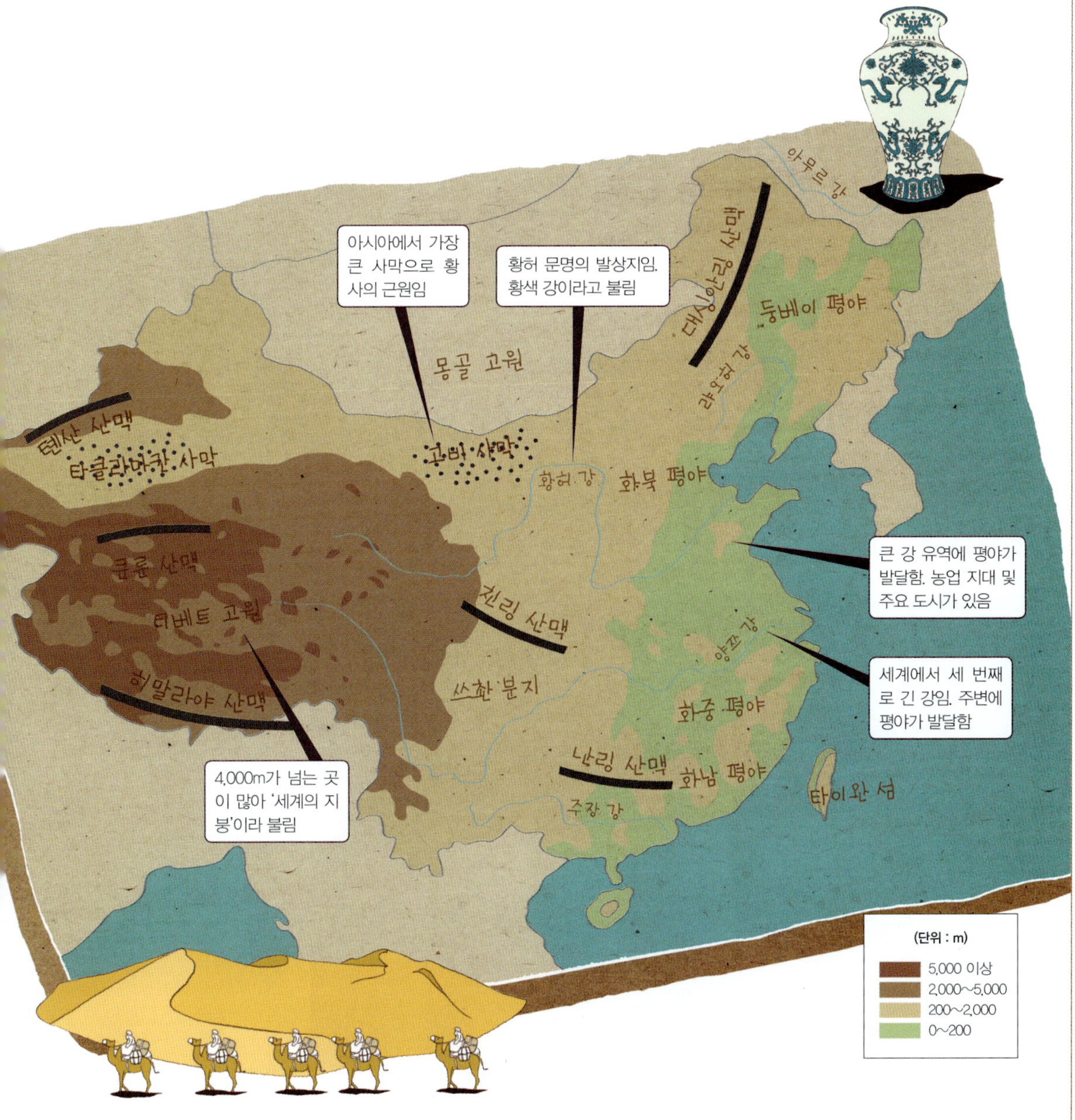

중국 역사와 문화의 중심, 베이징

중국의 수도는 '북쪽의 수도'라는 뜻을 지닌 베이징입니다. 과거의 수도였던 도시들이 그랬듯이 베이징도 사방이 성벽으로 둘러싸여 있었어요. 적군의 침입을 막기 위해서였지요. 이러한 이유로 베이징을 '금지된 도시'라고 한답니다.

베이징의 성벽을 하늘에서 보면 '凸' 모양이에요. 원래 성벽이 만들어진 것은 베이징이 원의 수도가 된 이후입니다. 당시에는 성벽이 사각 형태를 띠고 있었는데, 명 때 성벽 남쪽에 외성을 쌓은 결과 '凸' 모양의 도시가 된 것이지요. 현재 베이징 중심부에 있는 정양문은 '凸' 모양의 최남단에 있어요.

독일 작가인 프란츠 카프카는 「황제의 메시지」에서 자금성을 다음과 같이 묘사했습니다.

"그는 또 수많은 뜰을 지나가야 한다. 그 많은 뜰을 다 지나갔다고 해도 계단을 만나게 되고, 또 뜰을 만나고, 또 새로운 궁전을 만나게

태화전
중국에서 가장 오래된 목조 건물로 국가적인 행사와 의식이 치러진 곳이다. 태화전 앞마당에는 병사 9만 명이 모일 수 있을 정도로 넓은 뜰이 있다.

보화전

태화전, 중화전과 함께 자금성의 3대전에 속한다. 보화전 뒤쪽 계단에는 용 아홉 마리와 구름, 산, 바다 등이 조각되어 있다.

된다. 100년이고 1,000년이고 황제가 파견한 사절은 이곳을 결코 빠져나갈 수 없을 것이다."

14년간 100만 명의 인부가 동원되어 완성된 자금성은 명과 청에 걸쳐 500여 년 동안 24명의 황제가 살았던 세계 최대의 궁전이에요. 800여 개의 건축물과 9,000여 개의 방이 끝없이 이어져 있고, 10m에 이르는 높은 성벽과 50m 너비의 거대한 해자로 에워싸인 자금성은 쉽게 빠져나올 수 없는 미로와 같답니다.

황제 일가를 위한 9,000명의 시녀와 1,000명의 내시도 자금성에서 살았어요. 높이 35m, 면적 2,377m²의 태화전은 중국에서 가장 오래된 목조 건물입니다. 태화전의 앞마당에는 병사 9만 명이 모일 수 있는 넓은 뜰이 있어요. 연회장과 과거 시험장으로 사용되었던

정양문
천안문 광장 남쪽 끝에 있는 성문이다. 황제만 출입할 수 있었던 베이징
내성의 정문이다.

마오쩌둥 주석 기념당
베이징 천안문 광장에 있는 마오쩌둥의 묘다.

천안문 광장

중국의 수도인 베이징은 전국 시대 연(燕)의 수도였고, 이후 여러 나라를 거쳐 현재까지 800년의 역사를 이어 왔다. 베이징은 찬란한 역사와 문화가 살아 숨쉬는 도시이며, 도시 중심에 있는 자금성은 그 역사와 문화의 상징이라 할 수 있다. 천안문은 자금성의 정문으로 천안문 광장의 북쪽에 있다.

인민 영웅 기념비
'인민 영웅은 영원불멸하라'는 마오쩌둥의 휘호가 새겨져 있다.

중국 군인들
천안문 광장에서 중국 군인들이 열병하고 있다.

보화전 뒤쪽 계단에는 용 아홉 마리와 구름, 산, 바다 등이 조각되어 있지요.

자금성 내부에는 후원을 제외하고는 나무가 전혀 없습니다. 혹시라도 나무에 암살자가 숨어 있을까 봐 한 그루도 심지 않았기 때문이지요. 나무가 없어서 답답한 느낌이 들 수도 있지만 중국 최대 규모의 정원인 이화원에 접어들면 가슴이 확 트이는 후련함을 느낄 수 있답니다.

서태후의 여름 별장으로도 유명한 이화원에서 가장 많은 부분을 차지하는 곤명호는 인공 호수임에도 엄청난 규모를 자랑해요. 곤명호를 품고 있는 만수산은 호수를 팔 때 나온 흙을 쌓아 만든 인공 산입니다. 만수산의 산기슭에는 이화원을 한눈에 내려다볼 수 있는 화려한 누각이 있어요.

실크로드의 시작과 끝

실크로드의 출발점은 중국의 시안(옛 장안)이에요. 한의 사신 장건이 흉노와의 전쟁에 앞서 중앙아시아에 있었던 월지국으로 가는 도중 흉노에게 잡혔다가 탈출해서 돌아옵니다. 그는 월지국을 같은 편으로 만드는 데는 실패했지만 중국과 서아시아를 잇는 비단길을 개척하게 되지요. 장건이 개척한 비단길은 당 때 가장 활발하게 이용되었습니다. 비단길의 시작이자 끝인 당의 수도 장안은 늘 사신과 상인들로 붐볐어요. 이때 외국 상인 몇몇은 중국을 거쳐 신라까지 찾아가기도 했지요. 실크로드라는 명칭은 동방에서 서방으로 간 대표적 물품이 중국산 비단이었던 데에서 유래합니다. 서방으로부터는 보석이나 옥, 직물 등이 들어왔어요. 불교와 이슬람교도 이 길을 통해 동아시아로 전해졌지요.

로마, 아테네, 카이로와 함께 세계 4대 고도로 꼽히는 시안을 세계 최고의 관광지로 만든 것은 진시황의 병마용갱입니다. 병마용은 병사와 말을 진흙으로 빚어 놓은 인형을 말하고, 갱은 병마용을 묻어 놓은 굴을 뜻해요. 중국 최초로 통일 왕조를 세운 진시황의 무덤에는 실물 크기의 병마용 6,000여 점이 온전하게 보전되어 있습니다. 이 병마용은 세계 8대 불가사의 중 하나로 꼽히고, 세계 문화유산으로도 등록되었어요.

실크로드는 시안에서 출발해 둔황, 투루판, 우루무치, 카슈가르로 이어집니다. 타클라마칸 사막을 기점으로 서역 북로와 서역 남로로 나누어지지요. 둔황에는 세계 최대 규모의 '막고굴'이 있는데, 이 막고굴은 보통 둔황 석굴이라 불려요. 발굴된 500여 개의 동굴 중 열

우루무치 전경
서유기에도 나오는 투루판의 화염산
톈산 산맥
아테네
콘스탄티노플
흑해
사르디스
앙카라
트라브존
이틸
코카서스 산맥
트빌리시
카스피 해
아랄 해
지중해
안티오크
바쿠
우르겐치
키질쿰 사막
타라즈
알레포
니시비스
히바
토크모크
타브리즈
타슈켄트
안디잔
다마스쿠스
팔미라
카라쿰 사막
부하라
코칸트
카이로
사마르칸트
가자
바그다드
엑바타나
테헤란
예맘샤르
메르브
카슈가르
페트라
셈난
니샤푸르
마슈하드
박트라
파미르 고원
수사
이스파한
바스라
헤라트
카불
힌두쿠시 산맥
페샤와르
메디나
페르시아
탁실라
라호르
아라비아
지다
메카
물탄
홍해
페르시아 만
호르무즈
카라치
바리가자
파미르 고원
카슈가르의 국제 시장

실크로드 고대 아시아를 횡단하는 교통로로 '실크로드'라는 명칭은 동방에서 서방으로 간 중국산 비단에서 유래한다. 시안에서 출발해 둔황, 투루판, 우루무치, 카슈가르로 이어진다.

병마용
중국 최초로 통일 왕조를 세운 진시황의 무덤에는 실물 크기의 병마용 6,000여 점이 있다. 병마용은 전사, 전차, 말 등 다양한 사람과 사물을 표현하고 있다.

일곱 번째 굴에서는 신라 혜초 스님의 『왕오천축국전』이 발굴되었는데, 프랑스 동양학자 펠리오에 의해 파리 국립 도서관으로 옮겨졌지요.

둔황을 지나면 포도의 고장으로 유명한 투루판에 다다르게 됩니다. 투루판을 지나면 '아름다운 목장'이라는 뜻을 지닌 우루무치와 마주치게 되지요. 스위스의 알프스가 떠오를 정도로 아름다운 우루무치를 지나면 실크로드의 종착지인 카슈가르가 나옵니다. 중국에서 가장 서쪽에 있는 도시 카슈가르는 중국이 아닌 중앙아시아의 도시처럼 느껴져요.

실크로드는 과연 여기서 끝나는 것일까요? 중국의 비단을 서방으로 운반한 것에 초점을 맞춘다면, 실크로드의 범위는 더욱 넓어져 이란이나 지중해 연안으로까지 연장된다고 봐야 합니다.

인류 최대의 토목 공사, 만리장성

만리장성은 세계 7대 불가사의 중 하나로 꼽힙니다. 만리장성이 건축된 것은 그리스도가 탄생하기도 전이었어요. 활과 화살만으로 북쪽에서 쳐들어오는 이민족과 맞서 싸워야 했던 때였지요.

기원전 221년 중국을 최초로 통일한 진시황 때부터 만리장성은 만들어지기 시작했어요. 험한 산지에서 성벽을 쌓는 일은 매우 힘든 작업이었기 때문에 공사 도중 수천만 명의 사람이 죽어 나갔지요. 죽은 사람들의 시체가 쌓여 동쪽 성벽이 만들어졌다는 소문이 퍼졌을 정도였어요. 약 2,000여 년 동안, 중국은 계속해서 성벽을 쌓고 망루를 만들었습니다. 현재 남아 있는 성은 모두 명 때 만들어진 것이라고 해요.

만리장성은 바닷가의 커다란 바위에서 시작해 산을 넘고 골짜기를 지나 지도상으로 2,700km 가까이 이어집니다. 중간중간 설치되

만리장성

북방 이민족의 침입을 막기 위해 세워진 장성으로 그 규모가 세계 최대다. 마오쩌둥은 "남자가 만리장성에 오르지 못하면 진정 사나이라 말할 수 없다."라는 글을 남겼다고 한다.

어 있는 전망대 수만 2만 개나 되지요. 성벽의 높이는 9m에 달하고, 폭은 위쪽이 4.5m이고 아래쪽이 9m예요. 만리장성의 실제 길이는 중간에 갈라져 나온 가지까지 모두 합하면 지도상 거리의 두 배가 넘습니다. 밤낮으로 하루에 40km씩 걷는다고 한다면, 만리장성의 동쪽 산하이관에서 서쪽 자위관까지 가는 데 아마도 다섯 달 이상 걸릴 거예요.

중국은 세계 자연의 만물상

중국은 세계에서 세 번째로 넓은 나라답게 세계에서 가장 다양한 지형과 기후가 나타나는 나라로 손꼽힙니다. 중국의 지형은 복잡하면서 다채롭고, 산과 강이 매우 아름다운 게 특징이에요. 중국 서부에서는 끊임없이 이어진 높은 산과 험한 봉우리, 광활하고 웅대한 고원, 산으로 겹겹이 둘러싸인 분지를 볼 수 있지요. 중국은 전체 면적의 2/3가 높고 험준한 땅이에요. 서남쪽의 히말라야 산맥과 티베트 고원은 4,000m가 넘는 곳이 많아 '세계의 지붕'이라고 불린답니다. 이곳에는 세계에서 가장 높은 산인 에베레스트 산(8,848m)이 솟아 있어요.

서부에서 동부로 오면 완만하면서도 기복이 작은 언덕과 끝없이 펼쳐진 평원을 볼 수 있습니다. 중국 동부는 황허 강, 양쯔 강과 같

**중국 티베트에서 바라본
에베레스트 산**

은 큰 강 유역에 넓은 평야가 발달해 예부터 농사를 많이 짓고 살았어요. 그리고 사람들이 많이 모여 살면서 수많은 도시가 생겨났지요. 티베트 고원에서 시작해 중국 대륙을 굽이쳐 동중국해로 흘러 들어가는 양쯔 강(6,300km)은 세계에서 세 번째로 긴 강입니다.

중국의 기후는 북부의 냉대 기후에서 남부의 열대 기후, 서부의 건조 기후에서 동부의 습윤 기후에 이르는 등 매우 다양합니다. 영토가 넓고 지형이 다양하기 때문이지요.

냉대 기후 지역은 계절풍 때문에 여름철에는 기온이 높고 비가 많이 오지만 겨울에는 춥고 비가 적게 내려요. 겨울과 봄에는 바람이 많이 불어 황사가 심하고, 우리나라에도 적지 않게 영향을 미치고 있지요. 열대 기후 지역은 비가 많이 오고, 태풍으로 인한 피해도 가장 많아요.

건조 기후 지역은 비가 거의 내리지 않고, 티베트 고원과 같은 고산 기후 지대는 고도에 따라 열대, 온대, 한대 기후가 차례로 나타납니다. 사람들이 많이 사는 동부는 온대 기후 지역인데, 여름에는 덥고 습해요. 가장 더울 때는 40도 이상까지 올라가기도 하지요.

세상에서 제일 아름다운 곳들

중국에는 기기묘묘한 '장자제'라는 곳이 있습니다. 이곳은 영화 '아바타' 배경의 모티브가 되어 전 세계적으로 화제가 되었어요. 특히 판도라 행성에 떠 있는 바위가 장자제의 봉우리 난톈이주와 흡사하다는 주장이 제기되자, 당국이 난톈이주를 영화 속 바위 이름인 '할렐루야 산'으로 개명하기도 했답니다. 장자제는 석영 사암으로 이루

중국의 유네스코 세계 자연유산

중국은 다채로운 자연환경만큼이나 세계인들에게 사랑받는 자연유산도 많다. 황산을 비롯한 명산들과 여러 자연 경관이 세계 자연유산으로 지정되어 많은 관광객의 발길을 끌고 있다.

아미산과 낙산 대불

황룡

구채구

황산

윈난 삼강병류

삼청산 풍경명승구

무릉원

쓰촨 성 자이언트 판다 서식지

중국 남방 카르스트

타이산

무이산

양쯔 강

중국에서 가장 긴 강으로 티베트 고
원에서 시작해 중국을 통과한 후 동
중국해로 흘러나간다. 양쯔 강의 본
래 이름은 긴 강이라는 뜻의 창장[長
江]이다. 우리가 흔히 쓰는 강(江)이라
는 글자는 원래 창장을 가리키는 고
유 명사였다고 한다.

양쯔 강 발원지(티베트 고원)

양쯔 강 상류

양쯔 강 하류(남경)

어진 기이한 봉우리들이 끝없이 펼쳐져 장엄한 아름다움을 뽐내요. 3,000개가 넘는 봉우리와 수려한 협곡이 환상적인 조화를 이루고 있어 구이린과 황산의 장점을 모아 놓았다는 평가를 받고 있지요. "사람으로 태어나서 장자제에 가 보지 않았다면 100세가 되어도 어찌 늙었다고 말할 수 있으랴."라는 말이 있을 정도로 중국인에게 장자제는 경외의 대상이에요.

한반도의 44배나 되는 중국에는 한반도보다 넓은 사막, 끝없이 펼쳐진 초원, 고원 지대와 설산, 장대한 협곡 등 세상에 존재하는 모든 풍경이 들어 있습니다. 세계 절경의 1/3이 몰려 있다고 할 정도로 신비로운 풍경이 가득한 중국에는 장자제 외에도 '죽기 전에 꼭 가 봐야 할 곳'이 있어요.

명의 유명한 지리학자인 서하객은 "중국 최고의 명산인 오악(태산, 화산, 숭산, 형산, 항산)을 보고 나면 다른 산을 보고 싶지 않고, 황산을 보고 나면 그 오악마저도 보고 싶지 않다."라며 황산을 극찬했어요. 중국인이 뽑은 '죽기 전에 가장 가 보고 싶은 명산'인 황산은 말 그대로 한 폭의 동양화와 다를 바 없지요.

베이징이 모래에 묻힐 수도 있다!

중국에는 수려한 경관을 자랑하는 곳이 많지만 점점 황폐화되어 가는 곳도 적지 않아요. 2004년 조사한 바에 의하면, 중국의 사막과 사막화가 진행되는 곳이 전 국토의 27.5%를 차지한다고 합니다. 이 면적은 우리나라 면적의 26배에 달해요. 또한, 매년 서울의 4배에 해당되는 면적이 사막화가 진행 중인 것으로 밝혀졌지요.

중국의 황사

황사 현상은 중국의 사막화와 함께 심각한 문제를 일으키고 있다. 봄철 중국 사막에서 일어난 황사 먼지들이 바람을 타고 한반도와 일본 열도를 뒤덮기 때문이다. 황사 자체도 환경과 인체에 문제가 되지만 공장에서 배출되는 중금속이 섞이면서 그 피해가 갈수록 심각해지고 있다.

황해와 동해 상공을 뒤덮은 황사

황사로 뿌옇게 된 서울 하늘

중국의 고비 사막 고비 사막에서는 사막화가 진행되고 있다. 사막화로 황사 현상이 점점 더 심해지고 있다.

베이징 당국은 2008년 올림픽에 대비해 나무를 많이 심어 사막화를 막기 위해 노력했어요. 하지만 베이징 북쪽 250km 지점까지 사막이 확장되고 있어 20~30년 후면 베이징이 모래에 묻힐 것이라는 우려의 목소리도 나오고 있답니다.

중국에는 차칸노르라는 호수가 있어요. 몽골 어로 '하얀 호수'라는 뜻의 차칸노르는 소금 성분이 많아 붙은 이름이지요. 이 호수는 중국 네이멍구 자치구에 있고, 원래 두 개의 호수가 이어져 있었어요. 총면적은 110km^{2}인데, 염호인 서쪽의 큰 차칸노르 호가 80km^2, 담수호인 동쪽의 작은 차칸노르 호가 30km^{2}였지요. 그런데 2002년 봄부터 서쪽의 큰 차칸노르 호가 완전히 말라 버리면서, 바람이 불 때마다 호수 바닥에서 염분을 함유한 먼지가 주변으로 날리기 시작했어요.

이 먼지는 사람과 가축에게 호흡기 질환과 눈병을 일으키고, 농작물에도 큰 피해를 주었습니다. 또한, 비가 내린 후에는 땅으로 스며들어 초원을 심각하게 파괴했지요. 이러한 염류 피해는 중국 내륙에서 그치지 않고 황사와 섞이면서 중국의 동부 지역과 우리나라, 일본에까지 영향을 주고 있어요. 이렇게 사막이 넓어지면서 우리나라의 황사 관측 일수도 증가하고 있습니다. 서울을 기준으로 기상청에서 발표한 황사 관측 일수를 비교해 보면, 1990년에는 3일이었고 2011년에는 9일이었어요.

중국의 사막화가 심각한 이유는 무엇일까요?

중국의 사막화가 심각한 이유는 중국의 내륙 개발 정책 때문입니다. 중국 동부 지역은 평야가 넓게 펼쳐져 있지만, 내륙 지역은 고원과 산지로 이루어져 있어요. 그래서 인구 대부분이 동부에 집중되어 있지요. 중국 정부는 이러한 불균형을 해소하기 위해 내륙 지역을 개발하는 정책을 실시했어요. 대대적으로 벌목하고 농경지를 조성하는가 하면 대규모 목축을 장려했지요. 그 결과 자연환경이 급속도로 악화되었어요. 농작물의 경작 기간에는 작물이 지표면을 덮고 있어 마치 초원 지대와 같은 효과가 있지만 수확 후에는 맨땅인 상태가 됩니다. 방목 지역에서도 과도하게 방목이 이루어지다 보니 가축들이 먹이가 모자라 풀뿌리까지 뜯어먹게 되었고, 땅은 금방 황무지로 변해 버렸어요. 맨땅인 상태로 겨우내 메말라 있다가 이른 봄에 강한 바람이 불면 표면의 흙이 깎이면서 흙먼지를 일으키지요. 이 흙먼지는 중국에만 피해를 주는 것이 아니라 우리나라는 물론 멀리는 미국 서부에까지 날아가 큰 피해를 입히고 있어요. 이렇듯 중국의 사막화는 중국만의 문제가 아니라 주변 국가에도 영향을 미치고, 나아가서는 세계적인 환경 문제를 유발하기 때문에 더 심각한 것입니다.

2 용은 승천하는가 | 중국의 산업

중국은 한때 천하를 호령하는 대제국을 이루었습니다. 적어도 동양에서는 중국이 세계의 중심이었어요. 그러나 19세기 말부터 서양 열강들이 최신식 무기를 실은 배를 타고 무력으로 침범하자 중국은 문을 걸어 잠가 버렸습니다. 수천 년의 전통을 이어 온 동양의 자존심이 서양의 기술과 정신을 받아들이는 것을 허락하지 않았던 거예요. 또한, 중국은 공산화가 되면서 다른 서구 자본주의 국가들에 비해 경제력 면에서 많이 뒤처지게 되었습니다. 그러나 1970년대 말 이후부터 개방 정책을 실시한 중국은 급속한 경제 발전을 이루고 있어요. 최근에는 너무 경제 개발에만 몰두한 나머지 빈부 격차나 환경 오염과 같은 부작용도 속속 드러나고 있지요.

- 싼샤 댐은 전력 생산, 재해 방지를 목적으로 건설되었으나, 현재 댐 건설로 말미암은 자연재해가 우려되고 있다.
- 시장 경제 도입 이후 중국의 공업화가 급진전하고 있으나, 그에 따른 환경 문제도 심각해지고 있다.
- 세계적인 지하자원 산출국인 중국은 최근 서부 내륙 지역을 본격적으로 개발하기 시작했다.
- 중국은 열대부터 냉대까지 다양한 기후가 나타나기 때문에 지역에 따라 생산되는 먹을거리도 풍성하다.
- 중국의 4대 요리로 쓰촨요리, 베이징요리, 상하이요리, 광둥요리가 있다.

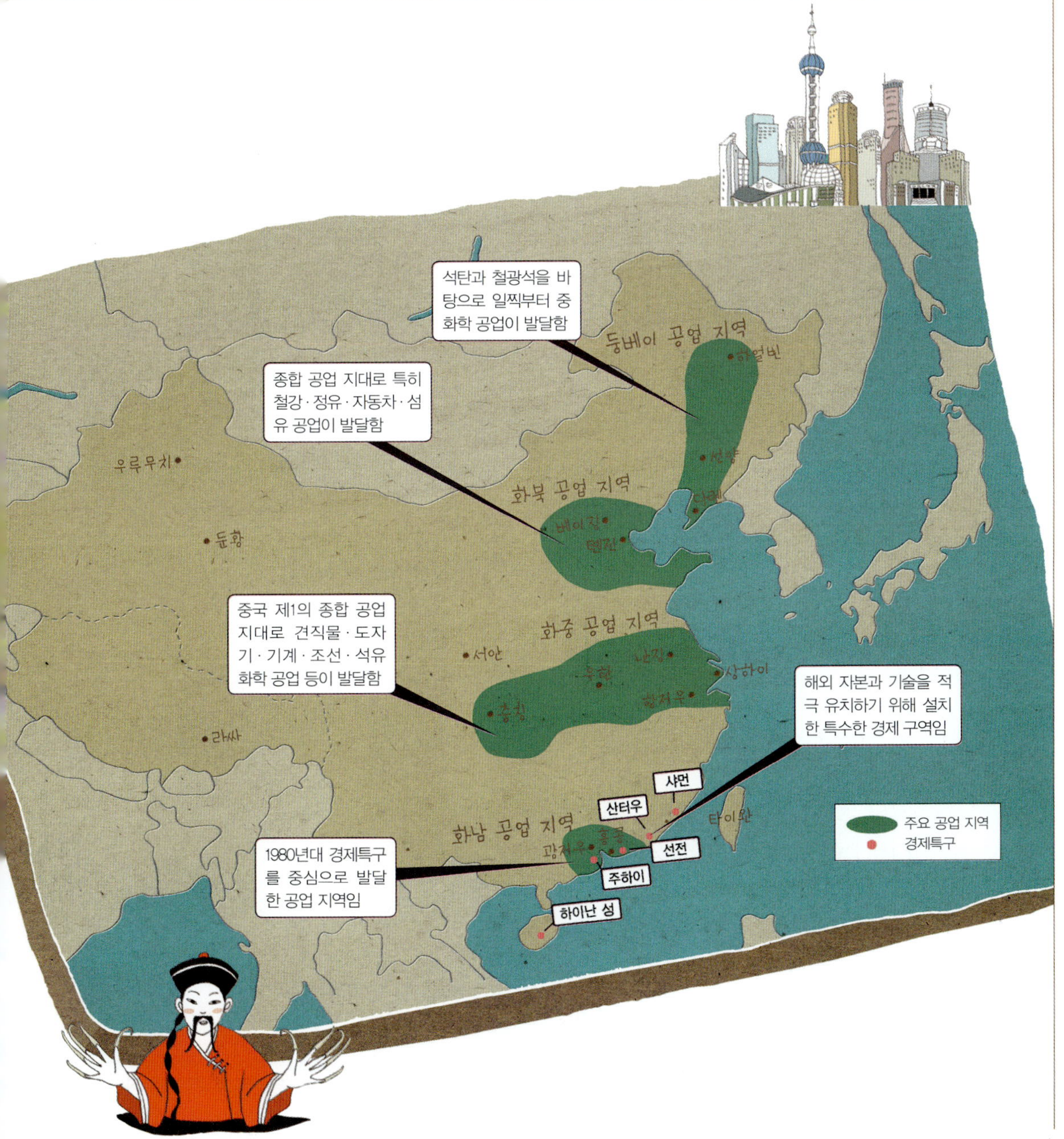

고양이는 쥐만 잘 잡으면 된다

중국은 원래 황제가 통치하는 제국이었지만 현재는 주석이 국가의 원수인 인민 공화국입니다. 옛날 국기에는 노란색 삼각형 위에 용이 그려져 있었어요. 현재 중국 국기는 오성홍기라고 하는데, 빨간색 바탕에 다섯 개의 노란 별이 왼쪽 상단에 있습니다. 빨간색은 혁명을 상징하는 전통적인 색이고, 별의 노란색은 광명과 황인종을 의미해요. 오성홍기는 1949년 9월 장제스의 국민당을 몰아내고 정권을 잡은 중국 공산당이 기존 국기를 대체해 만든 것입니다.

중국은 세계에서 인구가 가장 많은 나라예요. 국토 크기는 미국과 비슷하지만 인구는 13.5억 명으로 미국의 네 배 이상이지요. 인구 조사에서 빠진 사람들까지 합하면 실제로는 17억 명에 달할 것이라고 합니다.

오성홍기

상하이
양쯔 강 하구에 있는 도시로 '중국의 뉴욕'이라 불릴 만큼 국제 경제의 중심지로 자리 잡고 있다.

　　중국은 인구가 너무 많아 늘 가난에 시달렸어요. 하지만 이제 중국은 가난에서 벗어나기 시작했지요. 중국의 최고 실권자였던 덩샤오핑은 "흰 고양이든 검은 고양이든 쥐만 잘 잡으면 된다(흑묘백묘론)."라고 주장하면서 공산주의의 어두운 장막을 걷어내기 시작했습니다. 가난에서 벗어나기 위해 자본주의적 질서를 받아들인 중국은 세계 어느 나라보다 빠르게 성장하고 있어요.

　　중국인들은 산업화를 이루기 위해 웬만한 고통은 감수할 각오가 되어 있습니다. 중국 산업화를 이끄는 주요 공업 지역은 동쪽 해안 지대에 집중되어 있어요. 선진 자본과 기술을 들여오기 위해 자본주의 국가와 똑같은 경제 활동을 보장하는 경제특구도 동쪽 해안 지대에 있지요. 이 중 가장 먼저 국제화와 현대화가 이루어진 '중국의 뉴욕' 상하이는 대외 개방의 창구 역할을 톡톡히 하고 있답니다.

베이징에서 비행기로 3시간 거리에 있는 광둥 성은 중국인들에게는 '기회의 땅'입니다. 중국은 1978년부터 경제특구를 설정하고 외국의 자본과 기술을 적극적으로 도입하는 개방 정책을 추진해 경제가 빠르게 성장하고 있어요.

1979년에는 광둥 성의 선전, 산터우, 주하이, 푸젠 성의 샤먼 등 4개 도시를 경제특구로 지정했어요. 그리고 1988년에는 하이난 성 전체를 경제특구로 추가 지정했지요. 경제특구는 외국의 자본과 기술을 도입하기 위한 거점이에요. 이 지역은 특별 지역으로 분리되어 세금이 낮고, 관세가 면제되는 등의 우대 조치를 받았지요.

중국은 경제특구가 성공하자 더 넓은 지역을 개방했어요. 1984년부터는 경제 기술 개발구로 14개 지역을 개방했고, 이후 해안 지방을 중심으로 개방 지역을 넓혀 가고 있답니다. 1993년부터는 해안 지역뿐만 아니라, 양쯔 강 유역의 5개 도시와 내륙의 15개 도시 및 국경 부근 도시를 개방했어요.

선전 시가지
선전 시는 중국의 개혁 개방을 상징하는 도시로 성장했다.

강은 굽이쳐 흐르건만……

양쯔 강 한가운데에는 200km에 이르는 협곡이 있습니다. 구당협, 무협, 서능협의 세 협곡으로 되어 있어 '삼협'이라는 이름이 붙었지요. 이곳이 위·촉·오가 서로 국경을 마주했던 삼국지의 무대라 해서 삼협이란 말을 얻었다는 설도 있어요.

삼협에 건설된 싼샤 댐은 양쯔 강의 지류를 막아 건설한 다목적 댐입니다. 세계 수력 발전소 중 발전량 1위를 자랑하지요. 길이는 2,309m이고, 높이 185m, 너비 135m이며, 최고 수위는 175m에 이르러요. 최대 저수량은 393억t으로 일본 전체의 담수량에 버금가는 양의 물을 저장할 수 있습니다. 연간 발전량은 847억kw에 이르고요. 만리장성 이후 중국 최대의 토목 공사로 알려져 세계적으로 큰 화제가 되기도 했어요.

현재 싼샤 댐은 가뭄 해결과 홍수 조절 등의 역할을 잘 수행해 내고 있습니다. 싼샤 댐은 해마다 11월부터 이듬해 3월까지 물이 부족한 시기에 농공업 용수와 식수 부족으로 문제가 되었던 양쯔 강 중하류 지역에 물을 내보내 물 걱정을 덜어 주고 있어요. 또 양쯔 강에 대홍수가 발생했을 때는 저수량을 적절히 조절해 하류 지역의 피해를 크게 줄여 주었답니다.

하지만 댐 건설 때문에 심각한 문제가 생기기도 했어요. 싼샤 댐 건설이 거의 마무리되었던 2008년, 8.0 규모의 쓰촨 성 대지진이 발생했습니다. 이 지진으로 약 7만 명이 죽었고, 25조 원 정도의 경제적 피해를 입었다고 해요. 문제는 싼샤 댐 건설이 이 지진의 원인이라는 것이었지요.

전문가들에 의하면, 2,720만m³의 콘크리트와 46만 3,000t의 철근
이 들어가는 대규모의 싼샤 댐이 건설되면 지반이 약화될 수 있고
강한 수압 때문에 암석층이 깨질 수 있다는 거예요. 그러면 지표층
틈새로 물이 흘러 들어가서 지각 단층 활동의 윤활유 역할을 하게
됩니다. 다시 말하면, 틈새로 흘러 들어간 물이 마그마에 도달해 끓
게 되고, 이때 발생한 증기의 압력이 높아져 폭발하게 돼요. 이 때문
에 지진이 일어날 수 있다는 것이지요. 압력 밥솥에서 김이 빠져 나
오는 원리를 생각하면 돼요. 실제로 중국의 신펑 강과 미국의 캘리
포니아에 대규모 댐을 건설한 이후 여러 차례 지진이 발생했던 사례
가 있답니다.

물론 이러한 근거가 있다고 해서 쓰촨 성 지진의 원인이 반드시
싼샤 댐 때문이라고 단정할 수는 없어요. 지진의 원인은 이 밖에도

다양할 수 있으니까요. 하지만 학계에서는 지금도 싼샤 댐 때문에 발생할 자연재해에 대해 걱정하는 소리가 이어지고 있습니다.

양쯔 강에 맞설 만한 강이 있다면 바로 중국 북부를 굽이쳐 흐르는 황허 강이에요. 황허 강은 지도책을 펴낼 때마다 다시 그려야 하는, 세계에서 몇 안 되는 강 중 하나랍니다. 마치 꿈틀대는 뱀처럼 시시때때로 강의 모양이 변하기 때문이지요. 황허 강은 강물 속에 진흙이 많아서 한 해에 약 13억 8,000만t의 진흙이 하류에 쌓입니다. 이 진흙 때문에 하구의 해안선은 3년 동안 10km나 황해로 뻗어 나가고 있고, 하천 바닥이 주변 땅보다 높아지면서 강물의 흐름이 불규칙해졌어요. 또 제방이 무너져 다른 하천의 유로를 빼앗아 유로를 바꾸며 흐르기도 하지요. 이렇게 모양이 바뀔 때마다 강이 범람해 사람이 익사하고 집과 들판이 씻겨 내려갑니다. 황허 강은 3,000

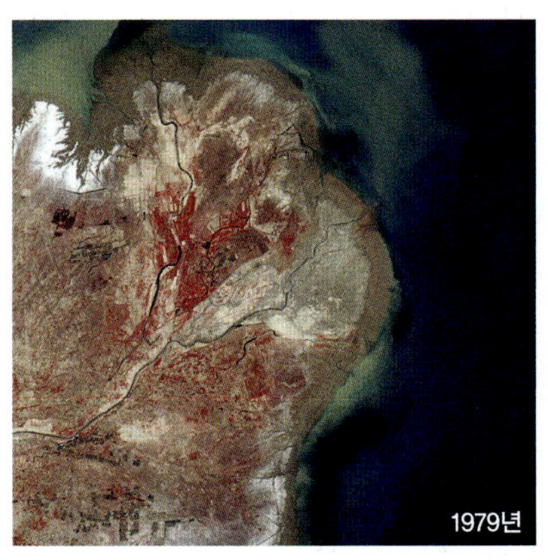

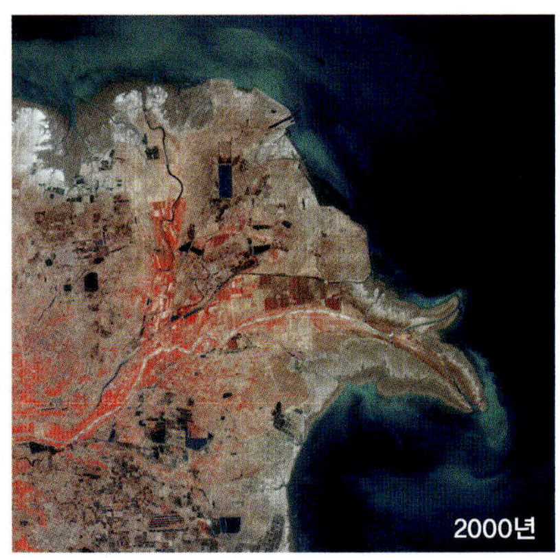

년 동안 1,500번 이상 범람해 제방이 무너졌고 물길은 26번이나 바뀌었어요. 지금까지 황허 강의 범람으로 수많은 인명과 재산 피해가 있었기 때문에 황허 강을 '중국의 슬픔'이라고 하지요.

황허 강은 진흙이 많아 색이 탁합니다. 그래서 황색 강(The Yellow River)이라고도 불려요. 푸른 바다도 노랗게 만들어 버릴 정도로 황허 강의 유수에는 진흙이 많이 포함되어 있지요.

황허 강과 바다가 만나는 지점에서부터 사방 몇 킬로미터까지는 온통 진흙 색으로 물듭니다. 이 때문에 선원들은 육지가 보이지 않는 곳에서도 바다색만 보고 황허 강에 가까워졌다는 것을 알 수 있었어요. 중국인들은 황허 강을 황토색이라고 하지 않고 황금색이라고 부른답니다.

너무 빨리 커서 몸살을 앓다 – 중국의 공업

중국의 공업은 제2차 세계 대전 이전까지는 그다지 발전하지 못했어요. 1949년 공산화 이후에도 철저한 계획 경제를 실시해 경제 전반이 큰 발전을 이루지는 못했지요. 그러나 1970년대 이후 개방화 정책이 성공적으로 진행되면서 경제가 빠르게 성장하기 시작했어요.

중국은 개혁과 개방 정책으로 시장 경제를 도입한 이후, 동부 해안 지방에 경제특구, 경제 기술 개방구, 경제 개방 도시 등을 설치했습니다. 그리고 풍부한 노동력을 이용해 외국의 자본과 기술을 유치하는 데 심혈을 기울였지요. 그 결과 텔레비전, 에어컨, 세탁기 등 가전제품과 섬유 · 신발 공업 등에서 세계 1위의 시장 점유율을 차지하게 되었어요. 최근에는 반도체 등 정보 기술 산업도 급성장해 생산량에서 미국, 일본에 이어 세계 3위를 차지했지요.

중국의 산업화를 이끄는 주요 공업 지역은 주로 중국 대륙의 동쪽, 우리나라와는 황해를 사이에 두고 인접한 지역에 집중되어 있어요. 일찍부터 중화학 공업이 발달한 둥베이 공업 지역(하얼빈, 선양, 다롄)을 비롯해 화북 공업 지역(베이징, 톈진), 화중 공업 지역(상하이,

선전의 전자 제품 공장
중국은 전자 제품을 비롯해 섬유 · 신발 공업 등에서 세계 1위의 시장 점유율을 보이고 있다.

우한, 충칭), 화남 공업 지역(선전, 광저우, 주하이) 등이 형성되었지요.

1949년 중국 공산당과 대립하던 국민당이 세운 타이완은 공산주의가 아닌 자본주의 체제를 바탕으로 경제 발전에 힘썼어요. 그래서 20세기 중국보다 경제력이 월등히 앞섰답니다. 타이완은 우리나라, 홍콩, 싱가포르와 함께 아시아의 네 마리 용이라 불릴 정도로 경제와 공업 분야가 발전했어요. 정보 통신 분야에서는 세계적 수준의 기술력을 가지고 있지요.

예로부터 서풍은 우리에게 봄소식을 전하는 반가운 바람이었습니다. 그런데 중국 대륙의 사막이나 황토 지대에서 불어오는 황사 바람이 서풍을 타고 우리나라로 이동해 오면서 중국의 공업 지역을 거치게 돼요. 이때 문제는 다이옥신을 비롯한 아황산가스, 중금속 등 여러 가지 해로운 물질을 함께 싣고 온다는 것이지요. 산성비에는 황산화물이나 질소 산화물 등이 녹아 있어 '산성비를 맞으면 머리가 빠진다'는 말까지 생겨났어요. 게다가 중국의 사막화 때문에 황사 피해는 더더욱 심해질 전망이랍니다. 이에 우리나라 정부는 황사와 대기 오염의 피해를 막기 위해 중국과 힘을 합쳐 황토 지대에 나무를 심는 등 부단히 노력하고 있지만 현재로서는 역부족이에요.

땅속에 없는 게 없다 – 중국의 지하자원

아마 중국의 땅속에는 세계 모든 종류의 지하자원이 매장되어 있을 거예요. 특히 화북 지방과 둥베이 지방에 많은 지하자원이 묻혀 있답니다. 중국은 제2차 세계 대전 전까지는 자원 개발에 잠잠하다가 공산화가 되면서 광산을 국가가 소유해 개발하기 시작했어요. 오늘

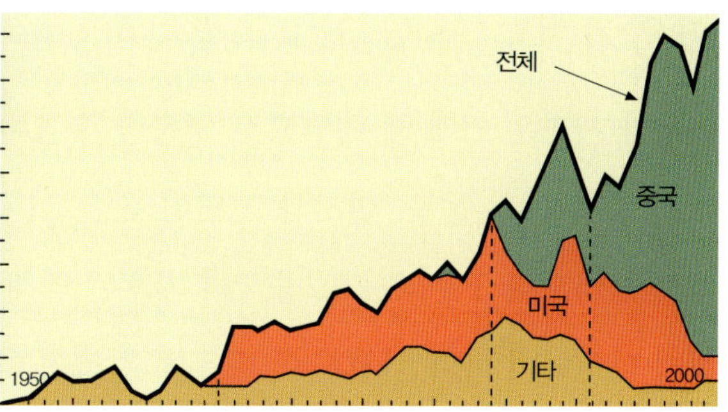

희토류 금속(왼쪽)
최근 하이테크 산업 및 환경 친화 산업의 핵심 원료로 사용되고 있다. 그런데 그 양이 적어 국가 간 자원 전쟁이 벌어지고 있다.

세계의 희토류 금속 생산량
(1950~2000년)
희토류 금속을 생산하는 국가 중 중국의 생산량이 최근 압도적으로 높아지고 있다.

날에는 세계적인 지하자원 산출국이 되었지요. 전 세계 생산량에서 석탄은 약 36%, 석유는 약 5%, 철광석은 약 21%, 텅스텐은 약 76%를 차지하고 있을 만큼 비중이 큽니다.

석탄은 주로 북부 내륙 지역에 많이 묻혀 있고, 석유는 둥베이와 화북 지방에서 생산해요. 천연가스는 산시 성과 쓰촨 성에 많고, 철광석은 둥베이의 랴오닝 성과 내륙의 쓰촨 성, 허베이 성에서 주로 캐내지요. 이제 중국 정부는 눈을 돌려 서부 내륙 지역을 본격적으로 개발하고 있습니다. 그동안 내륙 지역은 대부분 산과 사막으로 이루어져 사람들의 관심 밖에 있었어요. 그러나 이제는 각종 지하자원을 적극 개발해 동서 간의 균형 있는 개발을 꾀하고 있지요.

또한, 희토류 금속 개발에도 박차를 가하고 있습니다. 희토류 금속은 하이브리드 자동차, 초전도체, 초정밀 무기 등 하이테크 산업 및 환경 친화 산업의 핵심 원료로 사용되고 있어요. 이 금속은 중국에서 전 세계 생산량의 97%나 생산되는 희소 금속입니다. 여러분의 핸드폰도 희토류 없이는 제대로 작동할 수 없어요. 희토류는 양도 적고 생산도 지역적으로 제한되어 있어 중국과 여러 국가들 사이에 보이지 않는 자원 전쟁이 벌어지고 있답니다.

먹을거리도 풍성하다 – 중국의 농목업

중국의 지형은 크게 세 지역으로 구분할 수 있어요. 해발 고도가 낮고 평야가 많은 동부, 산지와 고원이 많은 서부, 그리고 그 사이의 분지 지역으로 구분되지요. 중국의 기후는 열대 기후에서 냉대 기후까지 다양하게 나타납니다. 이 때문에 지역에 따라 생산되는 먹을거리도 다양하고 풍성하지요.

그럼 북쪽부터 가 볼까요? 랴오허 강이 흐르는 둥베이 지방과 황허 강이 흐르는 화북 지방은 기온이 낮고 강수량이 적습니다. 그래서 밀, 조, 옥수수, 콩 등 주로 밭농사가 이루어져요. 양쯔 강이 흐르는 화중 지방은 벼농사가 이루어지지요. 평지와 산지의 중간적 성격을 지닌 구릉지에서는 차를 재배하거나 양잠 등이 이루어진답니다. 주장 강이 흐르는 화남 지방은 중국에서 제일 덥고 비도 많이 와요.

후난 성 지역의 벼농사
중국 남동부의 후난 성 지역에서는 일 년에 두 번 벼농사를 지을 수 있다.

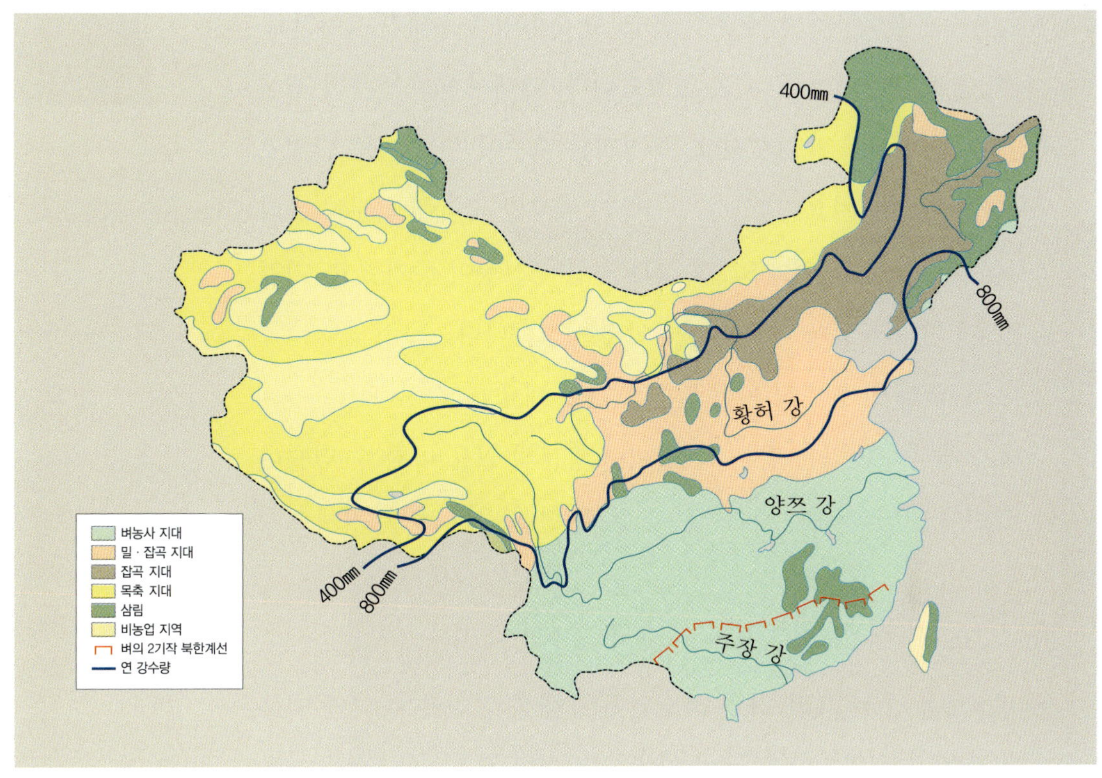

중국의 농목업 지대
중국은 땅이 넓고 기후가 다양해
여러 농목업 지대가 나타난다.

그래서 벼의 2기작이 이루어지고 차, 사탕수수, 파인애플 등 아열대 작물이 주로 재배되지요.

연 강수량 500mm 이하인 북서부 건조 지역에서는 전통적으로 유목과 오아시스 농업을 해 왔어요. 최근에는 관개 시설을 이용해 농경지 개발이 이루어지고 있지요.

지금은 풍성한 먹을거리를 자랑하는 중국이지만 한때는 가난에 허덕였어요. 1949년 사회주의 정권이 들어서면서 토지 개혁을 실시하고 농업의 집단화를 추진했던 것이지요. 1959년부터는 공동으로 생산해 공동으로 분배하는 인민 공사제라는 농업 생산 방식을 추진했어요. 그런데 이 방법은 현실적으로 문제가 많았습니다. 농민의 생산 의욕을 감소시켜 생산량이 줄어들고 식량이 부족해진 것이지요.

이런 상황을 그대로 둘 수는 없었습니다. 그래서 1979년부터 생산 책임제라는 제도를 보급했어요. 농경지를 나누어 주고 가족 단위로 생산하게 한 것이지요. 생산한 농작물의 일부만 국가에 납부하고 나머지는 개인이 갖는 거예요. 그 결과 농업 생산량이 증가했고, 기업을 경영하거나 부업을 하는 농민들이 많아졌습니다.

당시 중국의 한 농민이 이런 말을 했다고 해요.

"제가 경작하고 있는 밭은 4개월이면 충분히 일을 마칠 수 있습니다. 그런데 인민 공사제 시대에는 그걸 일 년에 걸쳐 해 온 거예요."

요리도 가지각색이다 – 중국의 4대 요리

우리는 보통 중국 요리 하면 자장면이나 짬뽕과 같은 음식만 떠올리기 쉽습니다. 하지만 중국에 가면 지방마다 음식이 다양하고 특징이 뚜렷하다는 것을 알 수 있을 거예요. 예를 들면, 북부 지방에서는 주식으로 밀, 옥수수, 수수 등으로 만든 면류나 만두 등을 먹지만 남부 지방에서는 주로 쌀밥을 먹습니다. 왜 이와 같은 차이가 생겼을까요?

어느 지역이나 음식 문화는 그 지역의 주요 농산물과 밀접한 관련을 맺고 있습니다. 지금부터 중국의 각 지역마다 음식의 특색이 다르게 나타나는 이유와 함께 중국 농업의 특징도 살펴보도록 해요.

중국의 4대 요리로는 지역에 따라 쓰촨요리, 베이징요리, 상하이요리, 광둥요리를 꼽을 수 있습니다.

먼저 쓰촨요리는 중국 서부 쓰촨 분지에서 난 요리예요. 이 지역은 바다가 먼 내륙 깊은 곳에 있기 때문에 더위와 추위가 심하지요. 따라서 거친 날씨를 이겨 내기 위해 마늘, 파, 고추 등 향신료를 듬뿍 넣은 매운 요리가 많이 등장합니다. 마파두부, 궁보계정, 어향육사 등이 우리나라에 잘 알려진 음식이에요. 또한, 오지가 많아서 건어물, 소금 절임 등 보존 식품도 발달했답니다.

베이징 지방은 겨울에 무척 추워요. 그러니 베이징요리는 칼로리가 높을수록 좋겠지요? 그래서 이 지방에서는 보통 지방질이 많은 튀김 요리와 볶음 요리를 만들어 먹어요. 대표적인 요리로 베이징 오리구이, 양고기 통구이 등을 들 수 있지요. 또한, 밀 생산이 많아 국수, 만두, 떡 등 밀가루 음식을 주식으로 한답니다.

상하이는 해안가에 있지만 평야가 발달해 옛날부터 쌀과 해산물 등 다양한 재료를 이용한 요리가 발달했어요. 외세의 침략 이후에는 중국의 중심 지역으로 주목받게 되지요. 그러면서 풍부한 농산물과 갖가지 해산물의 집산지로서 다양한 요리가 발달했어요. 특히 술,

쓰촨요리에 쓰이는 음식 재료
쓰촨요리에는 다양한 음식 재료가 쓰인다. 특히 마늘, 파, 고추 등 향신료가 주재료로 들어간 매운 요리가 발달했다.

중국의 4대 요리

중국 요리는 각 지역의 주요 농산물과 밀접한 관련을 맺고 있다. 중국은 기후와 자연이 다양하게 나타나기 때문에 지역마다 가지각색의 음식을 맛볼 수 있다. 중국의 4대 요리로는 쓰촨요리, 베이징요리, 상하이요리, 광둥요리를 꼽을 수 있다.

마파두부(쓰촨)

궁보계정(쓰촨)

게 요리(상하이)

상하이 볶음면(상하이)

우육면(베이징)

베이징 오리(베이징)

상어지느러미 수프(광둥)

딤섬(광둥)

간장, 흑초 등이 넉넉하게 사용되어 달고 농후한 맛이 특징입니다.

 마지막으로 중국 남부 광저우의 광둥요리는 외국과의 교류가 빈번해 일찍부터 그 명성이 국제적으로 알려졌어요. 개방된 지역인 만큼 전통 요리와 국제적인 요리가 섞여 독특한 특징을 나타내지요. 예를 들면, 포르투갈 식민지 시대에 전해 오던 요리 기법이나 유럽 사람들을 통해 서양 요리나 인도 요리, 말레이시아 요리, 타이 요리, 베트남 요리 등의 기법이 들어와 독특한 퓨전 요리가 탄생했어요. 대표적 요리로는 돼지고기 구이, 광둥식 탕수육, 상어지느러미 찜, 볶음밥, 딤섬 등이 있습니다.

중국을 왜 '세계의 공장'이라고 부를까요?

중국은 세계에서 세 번째로 큰 땅을 가졌고 세계에서 가장 인구가 많은 나라입니다. 천연자원도 매우 풍부해서 예로부터 자급자족이 가능했지요. 이러한 조건들은 세계화 시대를 맞아 중국이 '세계의 공장'으로 변신하는 데 큰 역할을 했어요. 많은 인구는 값싼 노동력이 되기 때문에 전 세계의 국가들은 노동 비용을 싸게 해서 더 많은 이윤을 올리려고 앞다투어 중국에 공장을 지었습니다. 중국에서 생산된 제품들은 전 세계를 누비게 되었어요. 대형 할인점에서 파는 웬만한 물건에는 모두 'made in china'가 붙어 있을 정도입니다. '중국산' 하면 무조건 '싸다'고만 생각했던 시대가 점점 지나가고 있어요. 싼 물건으로 이윤을 보던 중국은 이제 자동차, 가전제품과 같은 고급 제품도 대량으로 생산하고 있습니다. 어떤 학자는 몇 년 내에 중국이 세계 경제를 주름잡을 것이라고 말하기도 해요.

중국의 공장

3 중국은 다민족 국가 |
중국의 소수 민족과 몽골

우리나라 사람들을 한(韓)민족이라고도 합니다. 한민족의 역사, 한겨레라는 표현은 우리가 단일 민족임을 나타내지요. 그렇다고 해서 한민족이 곧 대한민국 국민은 아닙니다. 북한 사람들도 한민족이고, 중국의 조선족, 중앙아시아의 고려인들도 한민족일 테니까요. 이처럼 민족과 국가는 비슷한 것 같지만 같은 개념이라고는 볼 수 없어요. 중국의 경우도 마찬가지입니다. 중국 사람이 곧 한(漢)족은 아니에요. 중국에는 한족이 제일 많지만 수많은 민족이 모여 중국이라는 나라를 이루고 있지요. 중국이 여러 민족을 아우르다 보니 중국 정부와 소수 민족 간의 분쟁도 적지 않게 발생하고 있어요. 그중 티베트의 독립 요구가 가장 활발하답니다.

- 중국의 민족은 대다수를 차지하는 한족과 56개의 소수 민족으로 구성되어 있다.
- 고원 지역인 시짱 자치구에 거주하고 있는 티베트 족은 중국 정부로부터 독립하고자 하는 의지가 강하다. 2008년에는 중국의 티베트 탄압에 대한 국제 사회의 비난이 거세게 일었다.
- 몽골은 아시아 대륙 내 드넓은 고원에 자리 잡고 있다. 몽골 인구의 30%는 여전히 유목 생활을 하고 있다.

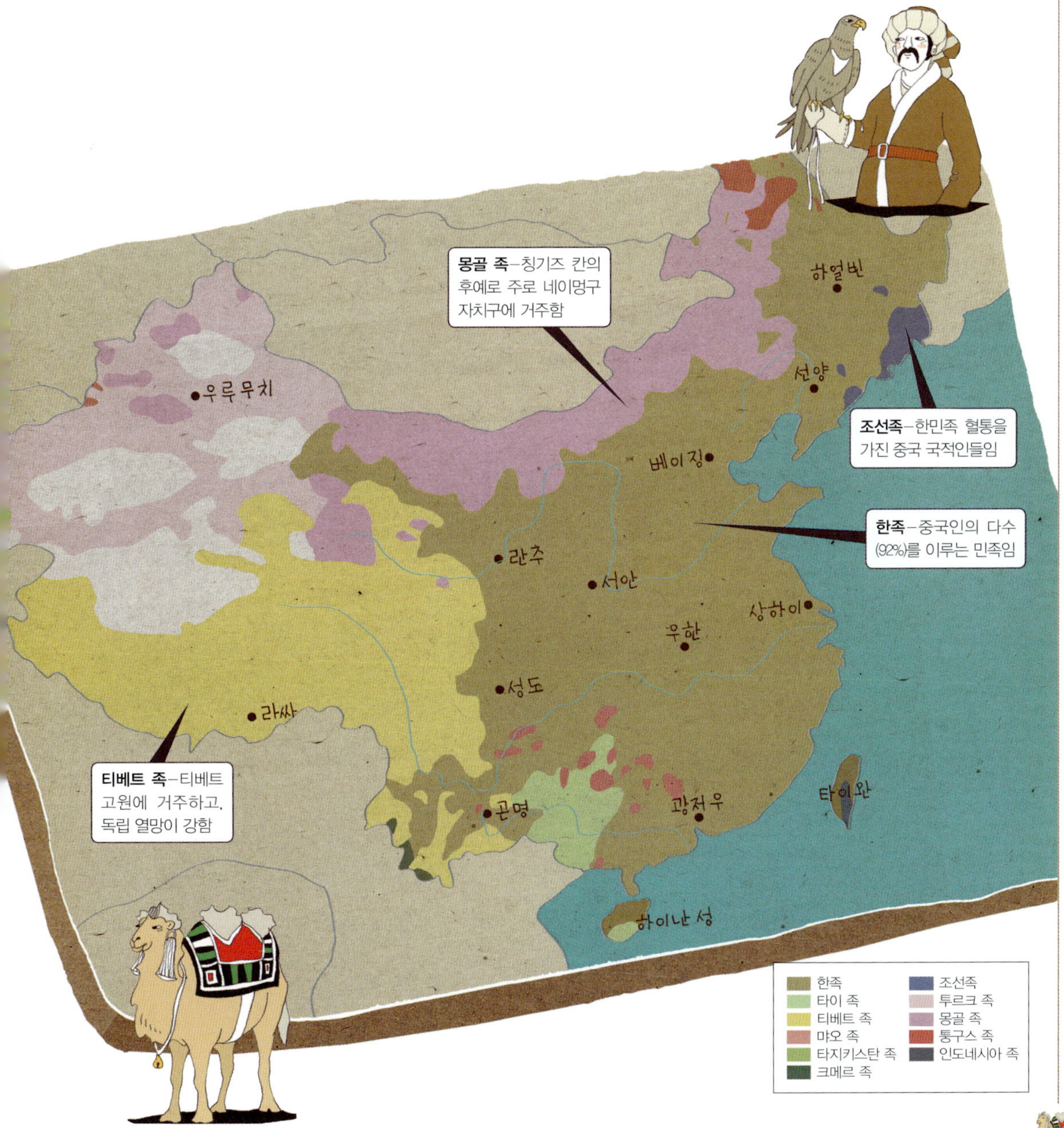

중국의 소수 민족

중국의 민족은 대다수를 차지하는 한족과 나머지 56개의 소수 민족으로 나눌 수 있습니다. 약 12억 명에 달하는 한족은 인구의 92%를 차지하지요. 중국사에서 원, 청을 제외하고는 모두 한족이 집권했어요. 인구의 8%를 차지하는 소수 민족은 56개나 되다 보니 한 민족의 인구수는 별로 많지 않습니다. 하지만 이들은 자신만의 고유한 언어와 전통을 보존하며 살고 있어요. 그럼 지금부터 대표적인 소수 민족을 살펴볼까요?

먼저 좡 족이 있습니다. 좡 족은 1,500만 명 정도로 소수 민족 중에서 인구수가 가장 많아요. 이들은 광시 좡 족 자치구에서 살고 있답니다.

위구르 족은 이슬람교를 믿는 민족이에요. 신장 웨이우얼 자치구에서 살고 있지요. 종교 때문에 중국 정부로부터 독립하고자 하는 열기가 대단해요.

티베트 족 역시 독립을 원하는 민족입니다. 이 때문에 국제 사회의 주목을 받고 있지요. 뒤에서 자세히 알아보도록 해요.

몽골 족도 소수 민족이에요. 몽골이라는 국가와는 다르지요. 인구수는 약 580만 명으로 몽골의 두 배 이상입니다. 주 거주지는 네이멍구 자치구와 신장 위구르 자치구, 둥베이 등이에요.

소수 민족 중에는 우리와 같은 말을 사용하는 한민족 혈통의 조선족도 있습니다. "안녕하십네까? 내래 조선족이야요." 이런 독특한 말투는 여러분도 한번쯤은 들어봤을 거예요. 약 190만 명의 조선족은 길림성, 흑룡강성, 요령성을 중심으로 중국에 거주하고 있지요.

중국의 소수 민족

중국은 다민족 국가다. 중국인의 대다수를 차지하는 한족 외에도 56개의 민족이 중국의 구성원을 이루고 있다. 그런데 56개 민족의 인구를 다 합쳐도 전체 인구의 8%에 지나지 않아 소수 민족이라 부른다. 소수 민족은 자신의 고유한 언어와 전통을 보존하며 살아가고 있다.

쫭 족

위구르 족

티베트 족

몽골 족

작지만 큰 목소리, 티베트 자치구

남녀노소를 불문하고 누구나 하루에도 수십 번 넘게 기도하는 나라가 있어요. 이 나라는 바로 히말라야 산맥을 사이에 두고 인도의 반대쪽 끝에 있는 티베트입니다. 중국에서는 시짱 자치구라고 부르지요. 중앙아시아의 고원 지역인 티베트는 토착 티베트 인들의 고향이에요. 평균 고도는 약 4,900m인데, 세계에서 가장 높은 곳이어서 '세계의 지붕'이라고 불리지요.

티베트에는 아직 학교가 부족해 문맹률이 높고, 실질적인 교육이 이루어지지 않고 있어요. 일반인보다 조금이라도 더 많이 배운 사람들은 승려가 됩니다. 티베트에서는 승려를 '라마'라고 하고, 최고 라마를 '달라이 라마'라고 해요. 달라이 라마는 라마의 수장일 뿐 아니라 모든 티베트 인의 수장이기도 하지요. 티베트의 실질적인 왕이라고 할 수 있어요. 성스러운 영혼이 깃들어 있다고 판단된 어린 소년이 달라이 라마로 지목되기도 했답니다.

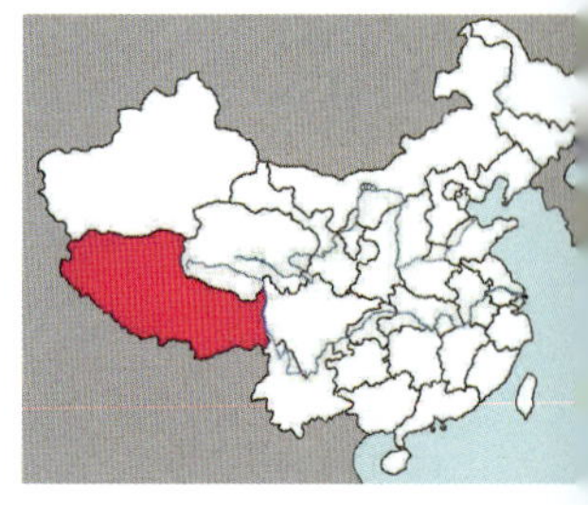

시짱 자치구의 위치
티베트 사람들의 고향이자 거주지로 중앙아시아 고원 지역에 해당한다.

티베트 마을 거리 풍경 (간체 시)
'간체'라는 도시의 마을로 해발 고도 약 4,000m인 고원에 자리 잡고 있다.

티베트 승려
티베트에서는 승려를 '라마'라고
한다. 라마는 '스승'이라는 의미의
티베트 어다.

세계의 지붕이라 불리는 티베트의 수도 라싸에는 달라이 라마의 여름 궁전인 포탈라 궁이 우뚝 서 있습니다. 궁전 내부에는 1,000개의 방 외에도 1만 개의 사당과 사원, 20만 개에 달하는 불상이 있어요. 티베트의 푸른 하늘을 떠받치고 있는 포탈라 궁은 여행자들이 꼭 들르고 싶어 하는 곳 가운데 하나지요.

티베트는 중국 소수 민족 중 독립의 열망이 가장 강한 민족이에요. 역사적으로 보면 티베트는 약 7세기경 강력한 통일 국가를 이루었습니다. 그러나 티베트가 남북으로 분열되고 쇠퇴하자 중국이 티베트를 지배하기 시작했어요. 오랜 기간 중국의 지배하에 있던 티베트는 1913년, 드디어 청의 군대를 몰아내고 독립을 선언했습니다. 그러나 중국 정부는 1950년에 중화 인민 공화국을 수립하면서 티베트를 침공해 중국의 영토에 편입시켰어요. 이에 티베트의 지도자인 달라이

라마는 망명 정부를 세워 지금까지도 독립 투쟁을 벌이고 있지요.

2008년에는 티베트 승려 등 600여 명이 중국 정부에 대한 항의 시위를 시작해 라싸 도심에서 티베트 반정부 시위대와 중국 경찰이 충돌하면서 유혈 사태로 번진 일이 있었습니다. 중국 정부는 이 사태가 2008년 베이징 올림픽을 개최하는 데 위협을 준다는 이유로 '인민 전쟁'을 선언하고 달라이 라마 지지 세력들에 대한 공세를 강화했어요. 2011년 3월, 키르티 사원의 승려 푼촉이 2008년 티베트 유혈 사태를 기념해 분신자살을 시도했습니다. 이후 최근까지 승려들이 티베트의 독립과 종교의 자유를 외치며 분신하는 일이 벌어지고 있어요. 중국에 대한 국제 사회의 비난의 목소리는 점점 커져 갔지요. 하지만 티베트와 중국은 갈등의 뿌리가 깊고 불신의 벽이 높아

포탈라 궁
달라이 라마의 여름 궁전이다. 이 궁전에는 1,000개의 방, 1만 개의 사당과 사원, 그리고 20만 개에 달하는 불상이 있다.

당분간 이 문제는 쉽게 해결하기 힘들어 보여요.

그렇다면 중국은 왜 티베트의 독립을 허용하지 않을까요? 우선 티베트는 중국 영토의 1/4을 차지할 정도로 땅이 넓습니다. 인구가 폭발적으로 늘고 있는 중국 입장에서는 영토가 최대한 넓으면 넓을 수록 좋겠지요. 또한, 티베트는 석유, 천연가스 등의 지하자원과 목재, 수력 자원 등이 풍부합니다. 게다가 인도와 서구 세력으로부터 중국을 지킬 수 있는 전략적인 위치에 있어요. 이러한 정치·경제· 군사적인 이유로 중국은 티베트를 포기하지 못하고 있지요.

유목민의 나라, 몽골

러시아와 중국 사이에는 드넓은 초원이 있습니다. 칭기즈 칸은 이 초원에서 끝없이 말을 달리며 세상을 그의 말발굽 아래에 두었어요. 한때 몽골은 고려에서 헝가리까지 세계에서 가장 넓은 영토를 가진

대제국이었습니다. 실크로드를 장악한 몽골은 빠른 기동력을 이용해 온갖 기술과 정보가 동과 서로 흐르도록 했지요. 하지만 오늘날의 몽골은 매우 정체되어 있답니다.

중국은 자신이 세계의 중심이라고 생각해요. 그래서 주변 민족을 오랑캐로 여겨 동이, 서융, 남만, 북적이라고 불렀지요. 몽골 역시 '무지몽매한 옛것'이라는 뜻으로 비하해 몽고(蒙古)라고 불렀어요.

몽골은 아시아 대륙 깊숙한 곳에 있어 바다와 멀리 떨어져 있어요. 강수량이 적어서 스텝 초원이 발달했지요. 몽골 국토 대부분은 사막과 스텝 기후 지역이에요. 몽골 족이 유목 민족인 것은 기후와 밀접한 관련이 있습니다. 현재 몽골 인구의 30% 정도가 여전히 유목 생활을 하고 있어요.

말은 몽골 사람들이 특별히 아끼는 가축입니다. 몽골이 역사상 가

나담 축제

몽골의 수도 울란바토르에서 매년 7월에 열린다. 1921년부터 시작된 이 축제는 몽골 최고의 전사를
뽑기 위해 말타기, 활쏘기, 씨름 3종 경기를 치른다. 씨름은 토너먼트 형식으로 진행되고, 활쏘기는
팀별로 참가해 경쟁을 벌인다. 말에게 큰 의미를 두는 몽골 인에게 말타기 대회는 가장 인기가 높다.
흥미로운 점은 1등의 상금과 명예가 승자가 아닌 승자의 말에게 주어진다는 것이다.

말타기

씨름

나담 축제 개막식

장 큰 대제국을 건설할 수 있었던 것도 말 때문이었어요. 기르던 말
이 죽으면 사람처럼 제사를 지내기도 한답니다. 몽골에서 가장 큰
축제 중 하나인 나담 축제에서는 말타기, 활쏘기, 씨름의 3종 경기
가 열리는데, 이 중에서도 말타기 대회가 가장 인기가 좋아요.

몽골의 중부와 동부에는 스텝 초원이, 남부에는 황사의 근원지인
고비 사막이, 서부에는 알타이 산맥이, 북부에는 시베리아와 맞닿은
타이가 삼림 지대가 있습니다. 동서로 길게 이어진 스텝 초원길은
비단길, 바닷길과 함께 실크로드 3대 여행길을 이루고 있지요.

몽골이 대제국을 건설할 수 있었던 배경은 무엇일까요?

13세기 초 칭기즈 칸이 건설한 몽골 제국은 동쪽으로는 광대한 중국을, 서쪽으로는 흑해 연안과 러시아의 모스크바, 폴란드, 헝가리를, 남쪽으로는 미얀마와 이란, 이라크를 아우르는 대제국이었습니다. 몽골 제국은 세계 최대 제국이었을 뿐만 아니라 동서 여러 국가에 큰 영향을 미쳤어요. 칭기즈 칸이 가난한 유목민들을 이끌고 대제국을 건설할 수 있었던 것은 말의 기동성 때문이었습니다. 걸어 다니면서 싸우는 사람과 말을 타고 달리면서 싸우는 사람의 전쟁은 승패가 뻔하지 않겠어요? 또 군대 장비를 가볍게 하고 군사 식량의 무게를 줄이는 것도 속도를 빠르게 하는 중요한 방법이었습니다. 당시 유럽 기사단의 갑옷과 무기의 무게는 70kg이나 됐지만 몽골 족의 것은 7kg 정도밖에 나가지 않았다고 해요. 또한, 오늘날의 육포와 같은 보르츠는 군사들의 중요한 식량이었습니다. 소 한 마리를 말리면 양의 방광으로 만든 주머니에 모두 들어가고, 이것은 병사 한 명의 일 년 치 식량이었지요.

4 거대한 바다뱀 | 일본

오랜 옛날 바다뱀이 존재한다고 믿었던 시절, 사람들은 중국 근처 바다에 길이가 수천 킬로미터에 이르는 거대한 바다뱀이 살고 있다고 수군거렸어요. 물 밖으로 불룩하게 튀어나온 바다뱀의 등이 흡사 섬처럼 보였고, 오랫동안 깊은 잠에 빠져 있던 바다뱀이 한 번씩 몸을 뒤틀면 섬 전체가 흔들린다고 생각했지요. 옛날 사람들이 바다뱀이라고 생각했던 이 섬은 사실 이제는 거의 활동을 멈춘 화산섬일 뿐이에요. 땅이 흔들리는 것 역시 바다뱀이 몸을 뒤트는 것이 아니라 지진이 일어난 것이지요. 옛날 사람들이 바다뱀의 등이라 생각했던 섬을 우리는 '일본'이라고 부릅니다.

• 일본 열도는 북동쪽에서 남서 방향으로 길게 열을 지어 있어 냉대부터 열대까지 다양한 기후대가 나타난다.

• 일본은 19세기 중반부터 서양 문물을 개방해 다른 아시아 국가들보다 앞서 경제 성장을 이루었다.

• 일본인은 자신들만의 독특한 문화를 선호한다. 또한, 일본의 상징인 후지 산과 일왕에게 남다른 애착을 보인다.

• 일본의 대표 도시들은 최첨단에 도달했으면서도 그들만의 역사적 전통을 잘 보존해 가고 있다.

• 일본의 공업 지대는 주로 원료 수입과 제품 수출에 유리한 태평양 연안에 발달해 긴 벨트를 형성하고 있다.

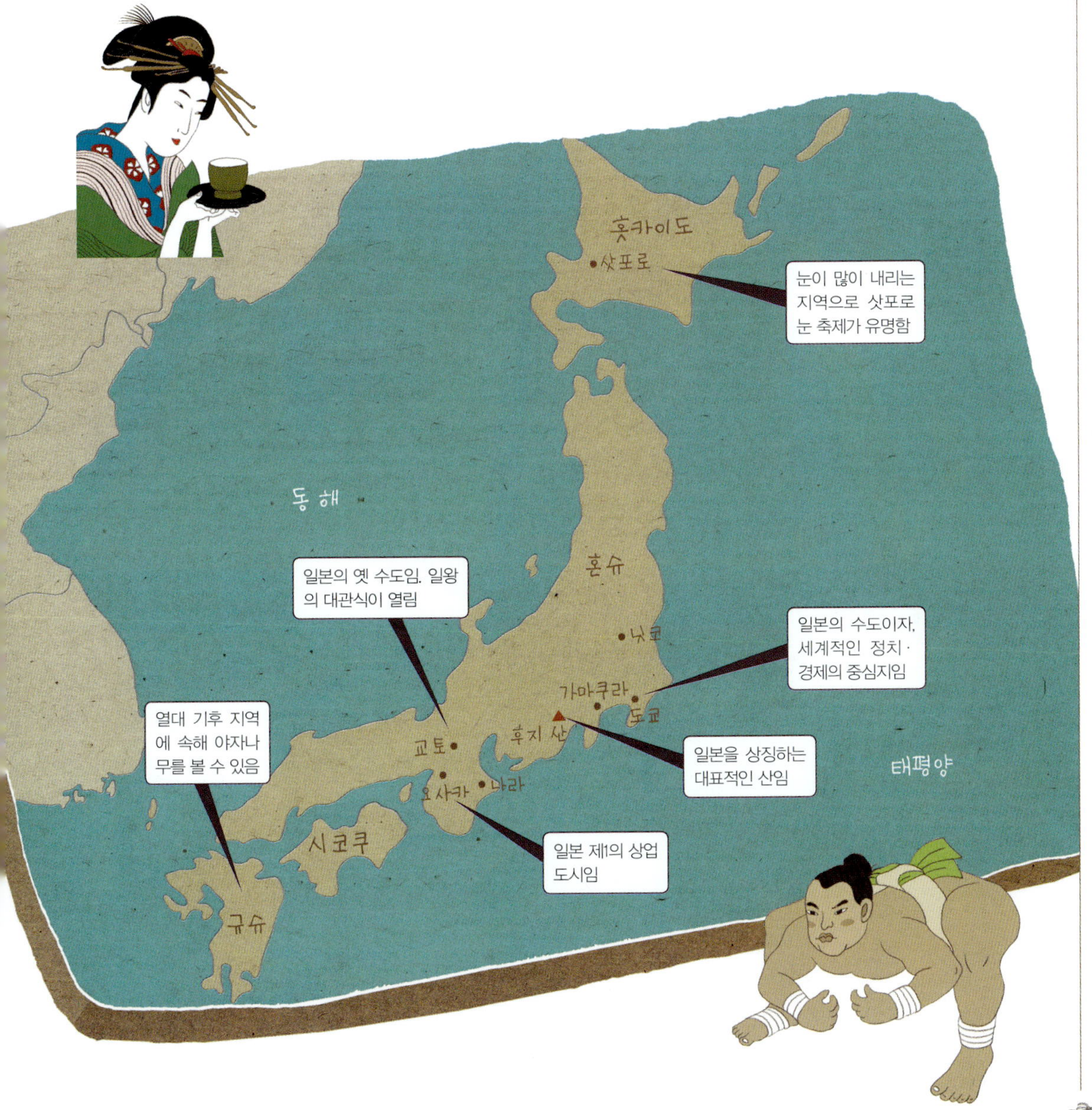

야자나무와 눈 축제를 함께 볼 수 있는 섬나라

일본은 아시아 동쪽에 있는 섬나라예요. 우리나라와는 대한 해협을 사이에 두고 이웃해 있지요. 일본은 홋카이도, 혼슈, 시코쿠, 규슈 등 4개의 큰 섬과 6,800여 개의 작은 섬들로 이루어져 있어요. 일본의 섬들은 북동쪽에서 남서 방향으로 길게 활 모양으로 열을 지어 있습니다. 그래서 일본 열도라고도 부르지요.

혼슈의 서해안은 눈이 많이 내리는 곳으로 유명해서 설국이라고도 불려요. 겨울에 동해를 지나는 바람이 많은 양의 수증기를 머금고 혼슈 중앙에 있는 산맥을 넘어가면서 구름을 형성해 많은 눈을 뿌리지요.

홋카이도 섬과 러시아의 캄차카 반도 사이에 줄지어 있는 쿠릴 열

다이니치 산
혼슈 섬 중앙에 있는 산으로 겨우내 눈으로 덮여 있다.

인공위성에서 본 일본 열도
일본은 홋카이도, 혼슈, 시코쿠, 규슈 등 4개의 큰 섬과 6,800여 개의 작은 섬들이 긴 활 모양으로 열을 지어 있어 '일본 열도'라고도 불린다.

쿠릴 열도(오른쪽)
대표적인 영토 분쟁 지역으로 일본은 러시아에 반환을 요구하고 있다.

도의 4개 섬은 전체적으로 지각이 불안정해요. 또 대표적인 영토 분쟁 지역이기도 하지요. 일본은 태평양 전쟁 이후 지금까지 러시아에게 반환을 요구하고 있어요. 동중국해 남부에 있는 센카쿠 열도 역시 중국과 영토 분쟁을 벌이고 있는 무인도랍니다.

일본 열도는 환태평양 조산대에 있어요. 따라서 조산 운동이 활발해 화산과 지진이 자주 발생하지요. 전 세계 활화산 중 10% 이상이 일본에 있어요. 대표적으로 일본의 상징인 후지 산(3,776m)을 꼽을 수 있습니다. 일본 국토의 80%가 산지인 것도 일본이 화산섬이기 때문이에요.

최근, 일본에 지진 해일인 쓰나미가 몰려와 막대한 피해를 주었던 사실을 기억하나요? 영화 '해운대'를 떠올리게 하는 거대한 쓰나미 때문에 도시 전체가 쓸려가 버렸어요. 이처럼 일본에서는 화산과 지진으로 말미암은 피해가 크지만, 이 때문에 좋은 점도 있습니다. 화산 지형이 만든 멋진 자연 경관과 곳곳에 퍼져 있는 온천 덕분에 매년 많은 관광객이 몰리고 있지요.

일본은 대체로 따뜻한 온대 기후가 나타나고, 바다의 영향을 받

야자나무와 눈 축제

야자나무와 눈을 동시에 볼 수 있는 나라가 세계에서 몇이나 될까? 모르긴 몰라도 몇 손가락 안에 꼽힐 것이다. 일본은 그중 한 나라다. 남쪽 섬 규슈에서는 열대 지방에서만 자란다는 야자나무를 볼 수 있고, 북쪽 홋카이도 섬에서는 겨울에 많은 눈이 내려 매년 눈 축제가 벌어진다.

삿포로의 눈 축제

규슈 미야자키의 야자나무 가로수 길

화산 지형의 두 얼굴

화산 지형인 일본 열도에서는 화산과 지진 때문에 피해가 자주 발생한다. 그러나 화산 지형이어서 좋은 점도 있다. 화산 지형이 만든 아름다운 경치를 구경하고 곳곳에 퍼져 있는 온천에서 목욕을 즐기기 위해 매년 많은 관광객이 몰리고 있다.

일본의 노천 온천

2011년 쓰나미가 휩쓸고 간 자리

아 습도가 높은 편이에요. 연 강수량은 1,600~1,700mm로 세계 평균 연 강수량의 두 배 정도 되고 장마와 태풍의 영향도 크지요. 장마와 태풍 덕분에 물 자원을 얻을 수 있지만 많은 사람이 피해를 입기도 해요. 또한, 일본은 국토가 남북으로 길게 뻗어 있어 남북의 기온 차가 큰 편입니다. 그래서 남쪽의 규슈에서는 열대 지방에서만 자라는 야자나무를 많이 볼 수 있지만 북쪽 홋카이도 섬에는 겨울에 많은 눈이 내려 매년 눈 축제가 벌어지지요.

일찍부터 개방을 서두른 일본

일본은 태양이 뜨는 땅이라는 뜻입니다. 물론 태양은 어디서나 뜨지만 처음 일본에 터를 잡았던 사람들은 일본이야말로 태양이 최초로 뜨는 지점이라고 생각했어요. 이 때문에 일본 국기를 보면, 하얀 바탕에 새빨간 태양이 이글거리는 형상이 들어가 있지요.

일본 사람들은 글자나 불교, 젓가락 사용법 등 여러 가지를 중국과 우리나라로부터 배우고 모방했습니다. 과거 일본이 아는 나라가 중국과 우리나라밖에 없었기 때문이에요. 일본은 중국이 그랬던 것처럼 중국과 우리나라 이외의 나라에는 단단히 문을 걸어 잠갔습니다.

여러분은 '들어오지 마시오'라는 글자를 보면 오히려 더 들어가고 싶은 마음이 들지 않나요? 청개구리처럼 하지 말라면 더 하고 싶은 것이 인간의 심리인 탓이지요.

1853년, 미국 해군 준장 매슈 캘브레이스 페리가 굳게 닫힌 일본의 문을 두드렸어요. 배에는 일왕을 위해 준비한 선물들이 한가득 쌓여 있었지요. 일왕은 생전 처음 보는 신기한 선물들에 입이 떡 벌

히로시마 원폭 돔
원폭 피해를 기억하자는 의미에서 남겨진 건물이다. 일본은 전쟁 후 복구에 힘써 경제 발전을 이루었다.

어졌습니다. 선물들을 하나씩 구경하다 보니 그 신기한 물건들을 더 사고 싶어졌고, 그런 물건을 만드는 나라가 어디인지 알고 싶어졌지요.

페리는 일왕에게 말했어요. "미국인들이 일본에 들어올 수 있게 해 주십시오. 그러면 이런 물건을 일본에 팔고 일본의 물건을 사 가겠습니다." 일왕은 고개를 끄덕였습니다. 이렇게 해서 일본은 미국에 문호를 개방했지요.

이와 함께 일본 사람들도 세상에 눈을 뜨기 시작했습니다. 철도, 열차, 전보, 각종 기계 등은 일본 사람들을 경악하게 했어요.

일본은 젊은 지식인 수천 명을 미국과 유럽 각국에 보내 기술을 습득하게 했습니다. 유학을 마친 지식인들은 일본으로 돌아가 배운 것을 가르쳤고, 일본 사람들은 빠르게 새로운 기술을 배웠어요. 이처럼 일본은 19세기 중반 메이지 유신 이래 적극적으로 서양 선진 공업국의 기술을 도입하고 공업화를 추진해 나갔습니다. 그래서 동양 문화권에서는 가장 먼저, 그리고 가장 빠르게 경제 성장을 이루었지요.

일본은 제2차 세계 대전에서 패한 후 대부분의 산업 시설이 파괴되기도 했지만 짧은 시간 내에 복구했어요. 일본 국민의 근면함과 협동 정신, 정부의 적극적인 경제 정책, 노사 간의 협력 등으로 오늘날 일본은 미국이나 유럽 국가들과 어깨를 나란히 하고 있지요.

일본 사람이 좋아하는 것들

도시 사람들은 현대식 복장을 착용하긴 하지만 집에서만큼은 여전히 기모노를 입는 일본인이 많아요. 전통 의상이긴 하지만 그만큼 기모노를 좋아하기 때문이지요. 그리고 일본인만큼 꽃을 사랑하는 민족은 아마 없을 거예요. 그래서 일본에는 꽃이 필 때쯤 지정된 공휴일이 있습니다. 벚꽃, 자두 꽃, 살구꽃이 피는 봄과 국화꽃이 피는 가을에 각각 공휴일이 하루씩 있지요.

일본인은 정원을 하나의 작은 시골 마을처럼 꾸밉니다. 작은 호수, 작은 산, 작은 다리가 놓인 작은 강은 너무 완벽해서 사진으로 보면 진짜 산과 호수와 강을 보는 것 같은 착각을 일으킬 정도랍니다.

또 일본인은 참나무나 단풍나무 분재를 가꾸는 것도 좋아해요. 분재 역시 사진으로만 보면 크기가 3m는 족히 넘고 100년은 살았을 듯한 고목으로 보입니다. 하지만 실제로는 크기가 고작 30cm 정도밖에 안 되는 작은 나무예요. 하지만 크기는 작아도 100년 이상 산 고목일 수도 있답니다.

일본의 전통 의상 기모노
도쿄에서 가장 오래된 사찰인 아사쿠사의 센소 사에서 기모노를 입은 여학생들이 이야기를 나누고 있다.

일본인은 후지 산을 성스러운 산으로 여겨요. 후지 산은 화산 폭발로 형성된 산입니다. 새하얀 눈이 정상을 뒤덮고 있어서 아주 멀리서도 잘 보이지요. 후지 산을 매우 사랑하는 일본인들은 부채, 상자, 쟁반, 우산, 손전등, 병풍 등 각종 물건에 후지 산 사진을 넣습니다. 아무리 인기 좋은 영화배우나 빼어난 미인이라 할지라도 후지 산만큼 사진을 많이 찍지는 못했을 거예요.

일본인은 목욕을 자주 합니다. 우스갯소리로 평생을 가도 목욕 한 번 하는 일이 거의 없다는 중국인과는 상당히 대조적이지요. 중국인은 일본인이 워낙 더러워서 목욕을 자주 하는 거라고 맞받아칩니다. 일본의 목욕 문화에서 놀라운 점은 온 가족이 같은 물로 목욕을 하기도 한다는 사실이에요. 한 사람이 사용한 물을 버리지 않고 그대로

후지 산

일본의 상징 중 하나인 후지 산은 새하얀 눈이 정상을 덮고 있어 아주 멀리서도 잘 보인다. 후지 산을 사랑하는 일본인들은 그림, 우표, 우산, 그릇 등 물건의 종류를 막론하고 어디에나 후지 산의 사진과 그림을 넣는다.

위에서 내려다본 후지 산

강 너머에서 바라본 후지 산

우표 속에 등장한 후지 산

그림 속에 등장한 후지 산(가츠시카 호쿠사이의 「가나가와의 큰 파도」)

일왕과 신사 참배

일왕은 일본 황실의 대표로 일본 국민 통합의 상징이기도 하
다. 현재 일왕은 일본의 우두머리는 아니지만 기원전 660년,
초대 진무 일왕부터 현재 일왕인 126대 나루히토까지 이어
온 계보가 상징하듯 일본인들에게는 절대적인 존재다. 신사
는 이처럼 신성한 존재인 일왕을 모시고 참배하기 위해 지은
사당이다. 일본은 일왕뿐 아니라 나라를 위해 희생한 인물들
을 신격화해 참배하기도 한다.

일본 일왕(제125대 일왕 아키히토)

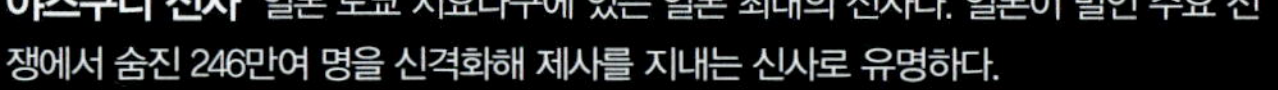
야스쿠니 신사 일본 도쿄 지요다구에 있는 일본 최대의 신사다. 일본이 벌인 주요 전
쟁에서 숨진 246만여 명을 신격화해 제사를 지내는 신사로 유명하다.

메이지 신궁의 도리이 신사 입구에 세운 두 기둥의 문인 도리이는 신성한 공간과 세속의 공간을 구분하는 역할을 한다.

메이지 신궁(아래) 일본 근대화에 큰 영향을 끼친 메이지[明治] 일왕 부부의 덕을 기리기 위해 세워진 신사다.

큰 정원과 작은 정원

일본인들은 섬나라에 오밀조밀하게
모여 살기 때문인지 자연의 축소판
인 정원과 분재 가꾸기를 좋아한다.
정원의 호수, 산이나 다리가 놓인 강
이 너무 완벽해서 사진으로 보면 진
짜 산과 호수, 강을 보는 것 같다. 분
재 역시 100년 넘은 고목을 보는 것
같은 착각을 일으킨다.

단풍나무 분재

정원

다음 사람이 사용합니다. 앉을 수는 있지만 누울 수는 없는 크기에 높이가 낮은 목욕통을 이용하지요. 땀구멍이 다 열릴 정도로 뜨거운 물에 몸을 담갔다가 시간이 어느 정도 지나면 물 밖으로 나와 때를 민답니다.

일본인은 육류보다 생선을 더 즐겨 먹습니다. 아마 세계에서 가장 생선을 많이 먹는 나라가 일본일 거예요. 노르웨이도 일본에 비하면 생선 소비량이 적은 편이지요. 일본은 섬나라이기 때문에 언제 어디서나 싱싱한 생선을 먹을 수 있어요.

일본인은 차도 많이 마십니다. 차에는 설탕이나 크림을 첨가하지 않아요. 예전에는 찻집이나 다원(茶園)에서 게이샤가 손님에게 차를 따르고 춤을 추기도 했답니다. 이들은 밴조와 비슷하게 생긴 목이 긴 악기를 연주하며 손님들의 흥을 돋웠어요.

우리나라의 씨름과 같이 스모는 일본의 전통 스포츠예요. 덩치가 큰 두 사람이 경기장 위에서 서로를 마주 보고 꿇어앉습니다. 이 모습을 보면 커다란 황소개구리가 떠오르지요. 그 자세로 서로 기회를 살피다가 허를 찔러 상대를 붙잡습니다. 미국인이 스모를 본다면 단순히 눈치를 보고 기다리기만 하는 스포츠라 느낄 수도 있어요. 상대를 붙잡아 움직이지 못하게 해서 '홀드' 판정을 받으면 경기가 그대로 끝나기 때문이지요.

　일본인의 일왕을 향한 사랑은 세계 어디에서도 찾아볼 수 없을 정도예요. 일본인에게 일왕은 신성한 존재인 동시에 아버지와도 같은 존재입니다. 그래서 일본인은 일왕을 위해서라면 전쟁도 불사하고 목숨까지 바칠 수 있어요. 일왕이 숨을 거두면 슬픔을 이기지 못해 스스로 목숨을 끊는 사람들도 있었다고 합니다.

과거와 현재의 공존 — 도쿄·교토·오사카·나라·닛코

도쿄는 일본의 수도이자 세계에서 가장 큰 도시 중 하나이기도 해요. 도쿄에서 가장 번화한 긴자 거리에는 독특한 건물들이 가득합니다. 그중에서도 소니의 최신 제품이 가장 먼저 전시되는 소니 쇼룸에는 인간이 상상할 수 있는 모든 기술이 전시되어 있어요.

미래 도시를 연상시키는 신주쿠의 건물들, 전자 제품의 메카인 아키하바라, 황궁의 공원, 박물관이 모여 있는 우에노 등도 빼놓을 수 없지요.

그러나 일왕의 대관식이 치러지는 곳은 따로 있어요. 바로 일본의 옛 수도인 교토입니다. 교토와 도쿄는 발음도 비슷할 뿐 아니라 영어 철자도 순서만 다를 뿐 같아요. 영어로 도쿄(Tokyo)를 두 번 적으면 교토(Kyoto)를 두 번 적은 것과 같아집니다.

도쿄와 교토를 비롯한 일본 대도시의 풍경은 미국 대도시의 풍경과는 상당히 달라요. 일본에는 내진 설계가 된 고층 빌딩이 있지만 대체로 높은 건물이 많지 않습니다. 일본에서는 지진이 자주 발생하기 때문에 건물을 높게 지으면 무너져 버려요. 강도가 약한 지진은 거의 매일 발생하고 주기적으로 강진이 발생하므로 지진이 일어난 뒤에 빠르게 복구할 수 있는 건물을 지어야 합니다.

그러나 건물이 무너지는 것이 지진으로 생기는 피해의 전부는 아니에요. 지진에 따르는 전기·가스 사고로 일어나는 화재가 더 큰 비중을 차지합니다. 이러한 화재 때문에 수천 가구가 완전히 폐허가 되기도 하지요.

도쿄

메이지 시대 이후 일본의 수도이자 최대 도시다. 또한, 세계적으로 영향력 있는 도시 중 하나이기도 하다. 도쿄에 가면 우선 빼곡한 고층 빌딩들로 가득한 신주쿠와 가장 번화한 명품 거리인 긴자를 볼 수 있다. 또한, 전자 제품의 메카인 아키하바라, 황궁의 공원, 박물관이 모여 있는 우에노 등도 도쿄를 이야기할 때 빼놓을 수 없다.

도쿄 레인보우 브리지(아래)
1층에는 기차, 2층에는 자동차가 동시에 달릴 수 있는 복합식 다리다. 일주일에 일곱 번 조명이 바뀐다고 한다.

도쿄 스카이 트리
일본 도쿄의 스미다 구에 세워진 세계에서 가장 높은 전파 탑(634m)이다. 제2의 도쿄 타워로 불린다.

우에노 공원

일본 최초의 공원으로 도쿄 도심 한가운데 있으며 도쿄의 공원 중 가장 큰 규모를 자랑한다. 공원 내에는 여러 기념비와 동상이 세워져 있다.

왕인 박사 기념비(아래 왼쪽)

일본은 백제의 왕인 박사를 문학의 시조이자 국민의 큰 은인으로 생각하고 있다.

사이고 다카모리 동상(아래 가운데)

일본 개화기의 정치가로 메이지 유신의 중심인물이었다.

고마쓰노미야 아키히토 친왕 동상 (아래 오른쪽)

메이지 유신 때 전장에서 공을 세워 이를 기리는 동상이 세워졌다.

일왕이 거주하는 왕궁이다. 400여 년 전에 세워졌으며, 약 130년 전부터 일왕이 살기 시작했다. 도쿠가와 이에 야스가 정치 중심지를 교토에서 에도(지금의 도쿄)로 옮기고 에도 성을 세우면서 지금의 황거가 조성되었다.

교토

794년부터 1868년까지 일본의 옛 수도로 정치와 문화의 중심지였다. 일본의 옛 수도답게 교토에는 역사적인 유적들이 많다. 고층 빌딩들이 즐비한 현대 도시와는 다르게 높은 건물이 많지 않고, 옛 전통을 간직한 고풍스러운 도시로 남아 있다.

교토 거리 옛 모습이 고스란히 남아 있어 정겨운 느낌이 든다.

교토 황궁 교토가 수도일 당시 일왕이 살던 황궁이다.

헤이안 신궁
교토가 일본의 수도로 자리한 1,100년 역사를 기념해 지은 신사다.

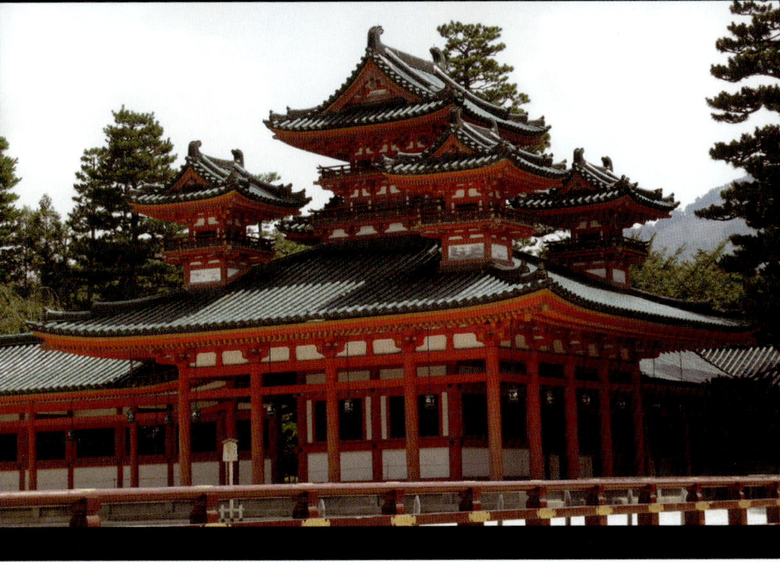

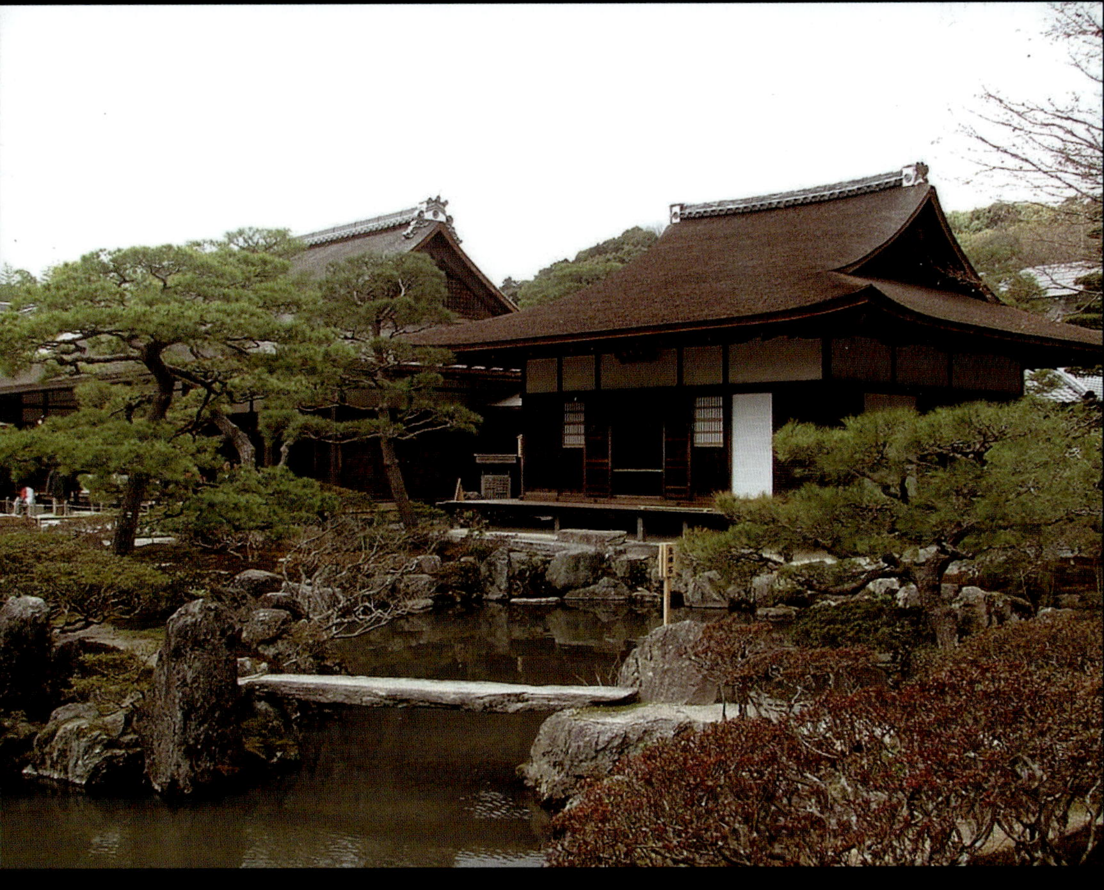

긴카쿠지 교토 기타야마[北山]에 있는 사찰이다.

나라

일본 긴키 지방의 내륙에 있으
며 794년 수도가 현재의 교토
시로 옮겨졌을 때까지 헤이안
시대의 중심지였다. 역사적인
도시로 유네스코 세계 문화유
산으로 지정되어 있다.

나라 고후쿠 사 나라 시의 대표적인 사찰
로 세계 문화유산으로 등재되어 있다.

나라 호류 사 607년에 쇼토쿠 태자가 창건한 호류 사는 벼락을 맞아 소실되었다가 711년 중건되었다. 고구려 승려 담징이 그렸다는 금당 벽화
로도 유명하다.

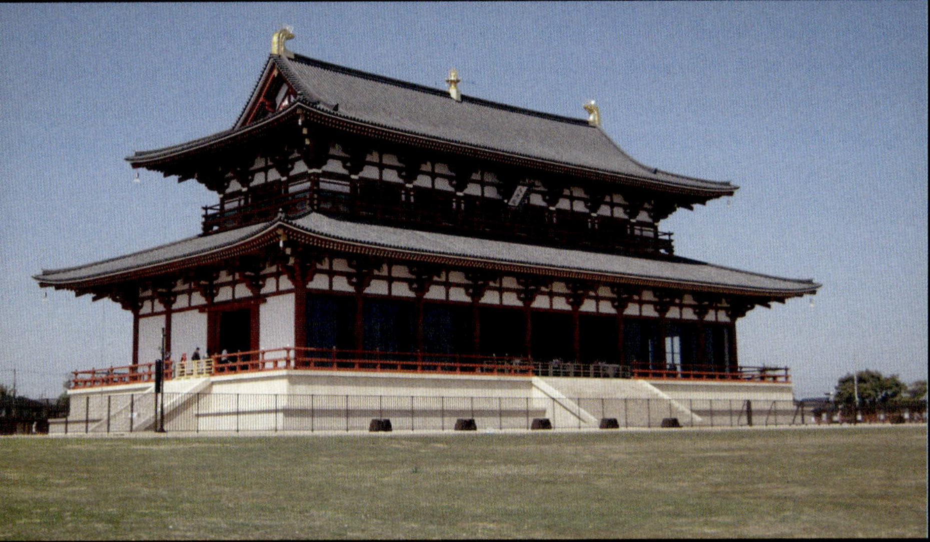

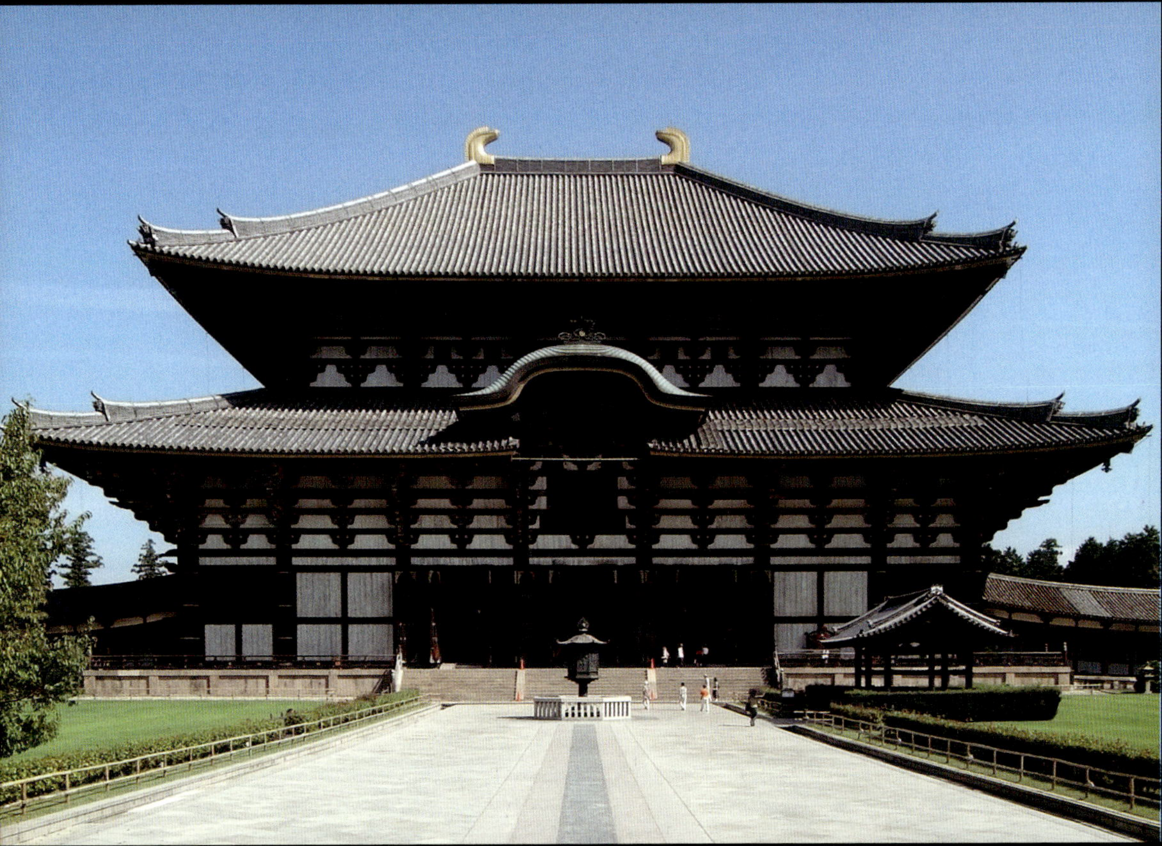

도다이지 대불전 일본 불교 화엄종의 본산인 도다이지의 중앙에 있다.

오사카

한때 일본의 수도였던 오사카
는 역사적으로 우리나라와 중
국, 일본을 잇는 상업의 중심
지 역할을 했다. 현재 일본에
서 두 번째로 큰 게이한신 도
시권의 심장부에 있다.

오사카 성
1583년 도요토미 히데요시가 일본을 통일한 후 권력을 과시하기 위해 지은 성이
다. 이후 전쟁 때 불타 없어졌으나 1931년에 다시 성을 쌓아 올렸다.

닛코

일본 도치기 현에 있는 도시로 1617년 도쿠가와
이에야스의 위패를 두기 위해 지어진 도쇼 궁이라
는 신사로 유명하다. 도쿠가와는 1616년 숨지면서
"닛코에 조그만 사당을 세워 나를 신으로 모셔 달
라. 나는 일본을 수호하는 신이 되겠다."라는 유언
을 남겼다고 한다.

조선으로부터 선물 받은 종
도쇼 궁에는 조선 통신사가 선
물로 준 조선 범종이 종각에 매
달려 있다.

도쇼 궁 입구 도쇼 궁 입구에는 '이치노도리이'라는 큰 석조 건축물이 세워져 있다. '이치노도리이'는 인간과 신을 이어 주는 매개체를 상징한다.

도쇼 궁의 원숭이 조각 도쇼 궁의 유명한 조각상으로 원숭이 세 마리가 각각 눈, 귀, 입을 막고 있다. 이는 '나쁜 것은 듣지도 말하지도 보지도 않는다'는 뜻을 담고 있다.

도쇼 궁 근세 초기에 지어진 도쇼 궁 건물은 화려함과 사치스러움이 특징이다.

가장 오랫동안 일본의 수도였던 교토를 떠나 일본 최초의 수도인 나라로 가 볼까요?

나라는 실크로드의 동아시아 최종 종착지이기도 합니다. 쇼토쿠 태자가 지은 세계에서 가장 오래된 목조 건물인 호류 사에는 고구려 승려 담징이 그린 금당 벽화가 있었어요. 그러나 내부 공사를 하던 중 실수로 12개 벽면에 그려진 벽화가 모두 불타 버리는 어처구니없는 일이 벌어졌지요. 결국 나중에 화가들이 그린 모사품을 벽면에 끼워 놓았어요.

전형적인 상공업 도시인 오사카는 도쿄와 함께 일본의 2대 상권을 형성하고 있습니다. 1925년 오사카에 일본 최초의 중개 회사인 노무라 증권이 설립되었고 현재도 파나소닉, 샤프, 산요와 같은 메이저 회사들이 오사카에 본부를 두고 있어요. 오사카는 오사카 성으로도 유명합니다. 1583년 도요토미 히데요시는 천하를 손아귀에 넣을 거점을 마련하기 위해 오사카 성을 지었어요. 그러나 1615년 에도 막부가 도요토미를 쓰러뜨리기 위해 벌인 전쟁에서 오사카 성은 불타 버리고 말았지요. 지금의 오사카 성은 훗날 복원한 것이랍니다.

닛코 시에는 일본 최대의 사당인 도쇼 궁이 있어요. 도쇼 궁에는 신들의 마굿간이라 불리는 신큐 사가 있는데, 말들의 병을 막아 준다는 여덟 마리의 원숭이 조각이 새겨져 있습니다. 그중에서 세 마리 원숭이 조각상이 가장 유명하지요. 한 마리는 두 귀를 막고 있고 한 마리는 입을 막고 있으며 나머지 한 마리는 두 눈을 가리고 있어요. 이 동작은 '나쁜 것은 듣지도 말하지도 보지도 않는다'는 뜻을 담고 있답니다.

태평양 바닷가에 긴 벨트가 형성되다

일본 공업은 국내 자원이 부족해 해외에 많이 의존하고 있어요. 석탄, 원유, 철광석 등 주요 동력 자원과 광물 자원 및 밀, 면화, 양모, 천연고무, 목재 등 농림산 자원의 대부분을 수입에 의존하고 있지요. 그래서 이러한 원료를 가공해 다시 수출하는 가공 무역이 발달했어요.

일본 공업은 제2차 세계 대전 직후에 섬유 공업을 중심으로 하는 경공업에서 출발했습니다. 1960년대부터는 철강, 조선, 자동차, 석유 화학 등 중화학 공업을 중심으로 고도성장을 이루었지요. 1980년 이후에는 컴퓨터, 전자·통신, 광학 기기, 생명 공학 등 부가 가치가

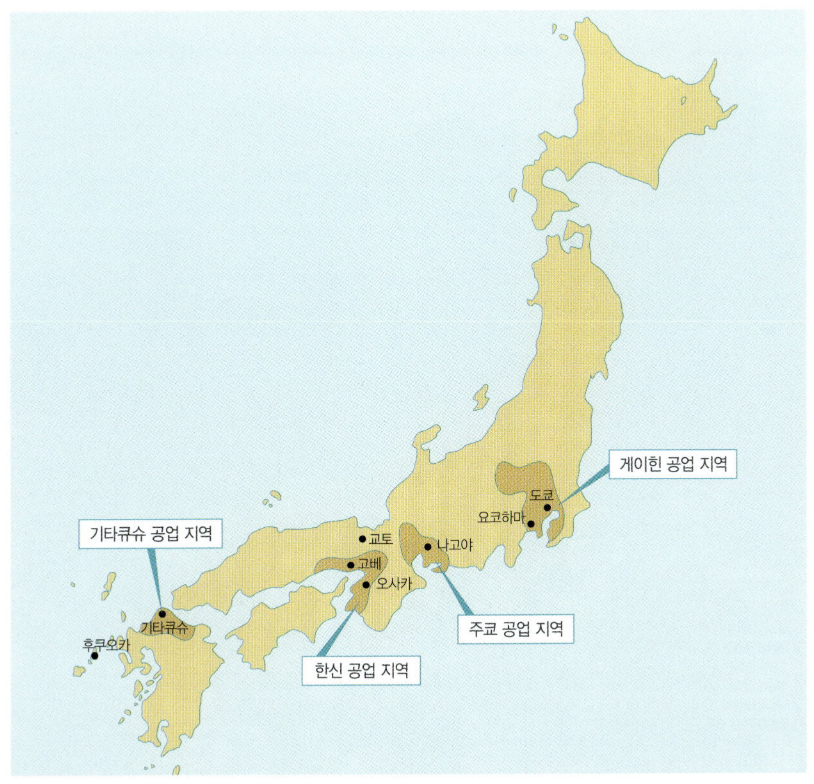

일본의 공업 지역

높은 첨단 산업 육성에 힘썼어요.

　일본 공업의 또 다른 특징은 서구 선진국보다 중소기업의 비중이 매우 높다는 것입니다. 대기업과 중소기업 간의 결합이 보완적으로 잘 이루어져 있어 국제 경기가 변동할 때도 그때그때 잘 대응할 수 있지요.

　일본은 공장을 어디에 많이 세울까요? 일본의 공업 지역은 주로 태평양 바닷가인 도쿄 만에서 나고야, 오사카, 기타큐슈까지 하나의 긴 벨트를 이루고 있어요. 그렇다면 왜 이 지역에 공업이 발달했을까요? 우선 원료 수입과 제품 수출에 가장 유리하기 때문이에요. 그리고 공업 용지를 확보하기 쉽고, 근처에 대도시가 있어 노동력이나

신주쿠
급속한 경제 발전을 이룬 일본의 모습을 한눈에 실감할 수 있는 일본 최대의 번화가다.

소비 시장을 얻기에도 좋지요.

일본의 첨단 산업 시설은 대체로 내륙 지방에 있습니다. 동부 및 동남아시아 지역 등 해외에도 많은 공장을 가지고 있어요.

일본에는 4대 공업 지역이 있습니다. 도쿄와 요코하마를 중심으로 한 게이힌 공업 지역, 나고야를 중심으로 한 주쿄 공업 지역, 오사카와 고베를 중심으로 한 한신 공업 지역, 기타큐슈를 중심으로 한 기타큐슈 공업 지역이지요.

게이힌 공업 지역은 현재 일본 최대의 공업 지역이에요. 바다를 끼고 있는 임해 지역에는 제철이나 화학 등 해외에서 원료를 수입하는 대규모 중화학 공업이 발달했고, 내륙에는 자동차 등의 기계 공

업과 전자 공업이 발달했지요.

주쿄 공업 지역은 도자기, 섬유, 석유 화학 공업 등이 주를 이룹니다. 특히 자동차 공업으로 유명하지요. 이 지역에 일본의 최대 자동차 생산업체인 '도요타 자동차' 공장이 있어요. 1959년 시 이름을 고로모에서 도요타로 바꾸었을 정도로 그 영향력이 대단하지요.

한신 공업 지역에는 철강, 기계, 화학, 섬유 공업 등이 발달했어요. 우리나라 동포들이 가장 많이 사는 공업 지역이기도 하지요.

기타큐슈 공업 지역에는 풍부한 석탄을 바탕으로 제철 공업이 발달했습니다. 최근 규슈에 일본 반도체 산업의 절반 정도가 모여 실리콘 아일랜드라고 불린답니다.

일본이 세계적인 경제 대국으로 성장할 수 있었던 배경은 무엇일까요?

일본은 환태평양 조산대에 있기 때문에 항상 화산과 지진의 위협에 시달립니다. 최근에는 쓰나미 때문에 원자력 발전소의 방사능이 유출되어 큰 피해를 입기도 했지요. 또한 태풍이 지나가는 길목에 놓여 있어 해마다 풍수해로 몸살을 앓아요. 지하자원은 거의 없는 것이나 마찬가지고요. 인구는 1억 명이 넘는데 쌀을 재배할 땅도 얼마 없지요. 그래서 일본은 일찍부터 대외 진출을 시도했습니다. 중국이나 우리나라가 서양 세력들에게 나라를 개방하지 않으려고 싸우고 있을 때 일본은 서양의 발달된 과학 기술을 받아들여 산업을 발전시켰어요. 제2차 세계 대전의 패전국이었지만 미국의 경제적 지원과 저렴한 노동력, 정부의 지원 등이 맞물려 빠르게 경제력을 회복했습니다. 게다가 한국 전쟁에 전쟁 물자를 공급해 엄청난 이익을 챙기기도 했어요. 다음으로는 발달한 기술력으로 다양한 상품을 만들어서 전 세계에 판매했습니다. 세계 최초로 개발한 트랜지스터 라디오를 비롯해 카메라와 전자 제품, 선박, 컬러 텔레비전, 자동차 등은 일본을 세계적인 경제 대국으로 만드는 데 큰 공헌을 했어요.

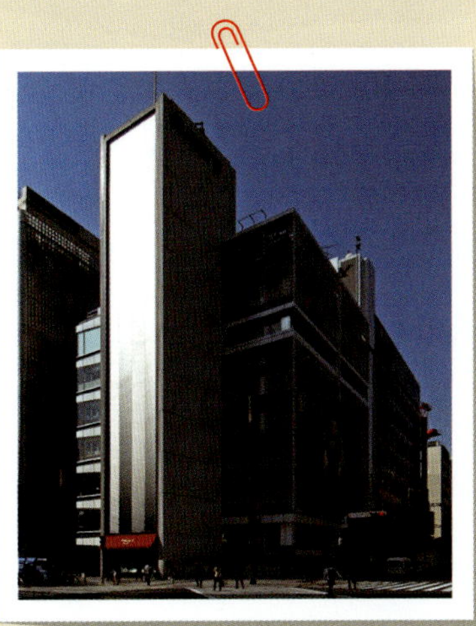

20세기 일본 경제 발전에 핵심 역할을 했던 전자 제품 회사 소니(SONY)

5 곰의 나라 | 러시아의 인문·자연환경

사람들은 러시아를 '곰'이라고 불러요. 러시아는 곰처럼 생긴 세계에서 가장 넓은 나라이기 때문이지요. 러시아는 우리나라보다 77배나 넓답니다. 시베리아 횡단 열차를 타고 러시아의 블라디보스토크에서 모스크바까지 가려면 일주일 동안 여덟 개의 시간대를 지나야 해요. 시간대란 경도 15°를 단위로 동일한 시간을 사용하는 범위를 말합니다. 그만큼 러시아가 동서 방향으로 넓다는 뜻이에요. 러시아에서 사용하는 시간대만 해도 11개나 된답니다. 러시아가 이렇게 넓은 영토를 가지게 된 이유는 오랫동안 해양으로 진출하기 위해 노력했기 때문이에요.

- '늪지대의 물'을 의미하는 모스크바는 늪지대의 강가에 있던 작은 부락이었지만, 지금은 러시아 최대의 도시다.

- 러시아 정교는 서로마 가톨릭과 뿌리는 같으나 엄연히 다른 종교다. 수장은 대주교이고, 모스크바를 성지로 삼는다.

- 러시아 남동쪽에는 산악 지대가 발달했고 북서쪽에는 광활한 평지가 펼쳐져 있다.

- 러시아 중앙에는 광대한 시베리아 평원이 있는데, 특히 북시베리아는 세계에서 가장 추운 곳이다.

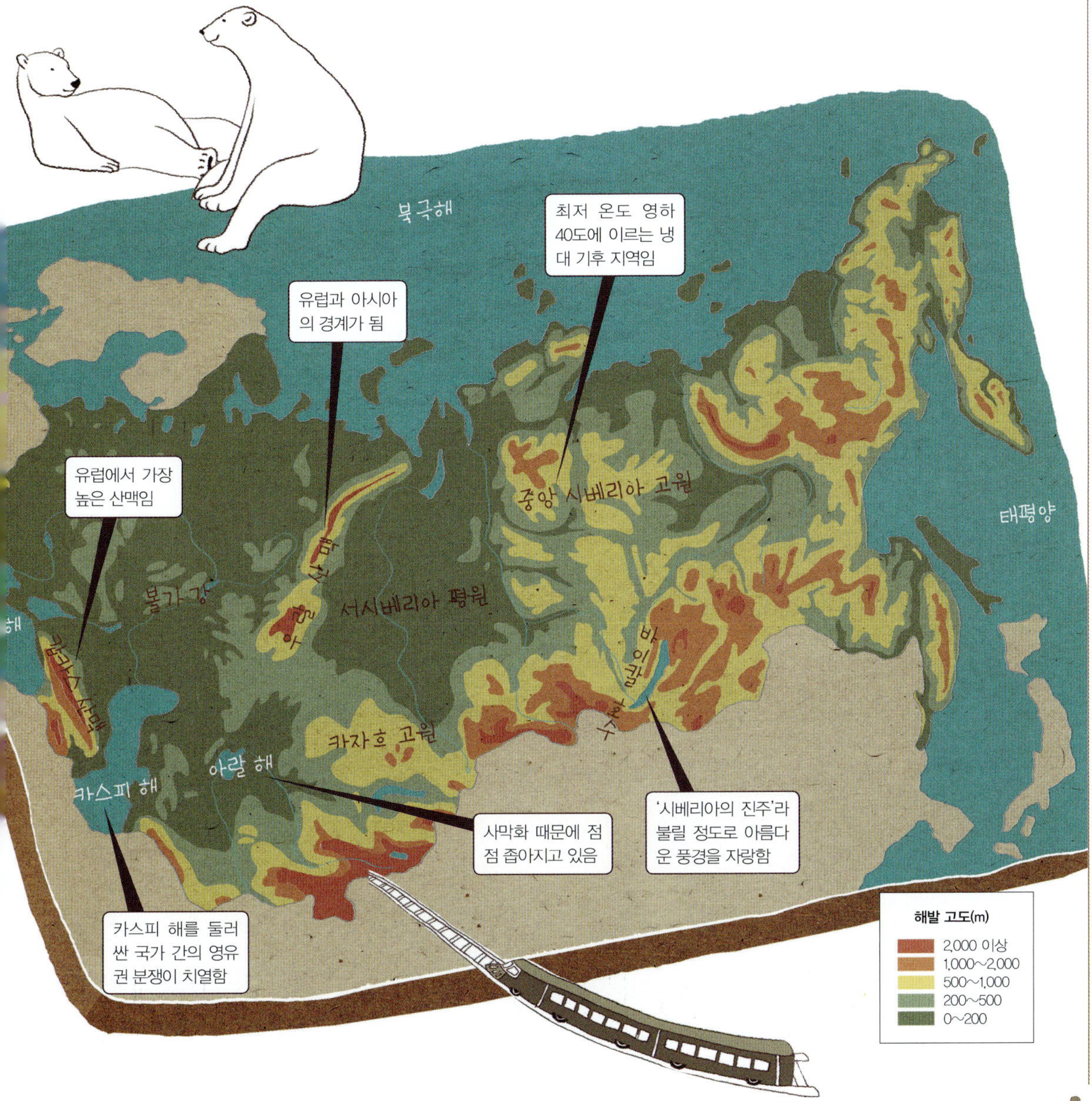

세계에서 가장 넓은 나라

러시아는 세계에서 가장 영토가 넓은 나라입니다. 유럽 전체 국가를 모두 합친 크기와 맞먹을 정도이니, 얼마나 큰지는 짐작할 수 있을 거예요. 러시아 북부는 늑대와 눈, 썰매가 있는 추운 지역이지만 남부 지역은 오히려 따뜻한 기후에 속한답니다.

러시아 북부 지역은 너무 추워서 눈이 내리지 않는 여름에도 땅 위의 눈만 녹을 뿐 땅속은 꽁꽁 얼어 있어요. 땅 위로 새싹이 움트고 꽃이 피어도 땅 밑은 여전히 차갑게 얼어 있지요. 이렇게 얼어붙은 러시아 북부의 툰드라 지대는 수천 킬로미터에 이르러요.

러시아 북부에는 '백해(White Sea)'가 있고 남부에는 '흑해(Black Sea)'가 있어요. 백해라는 이름이 붙은 이유는 거의 일 년 내내 얼음이 녹지 않고 눈으로 뒤덮여 있는 바다이기 때문이지요.

그래도 여름 몇 달간은 눈 속의 얼음이 녹아 온갖 물건을 가득 실

러시아의 툰드라 지대
러시아 북부 지역은 수천 킬로미터에 이르는 툰드라 지대가 펼쳐져 있다.

은 대형 선박들이 백해에 하나뿐인 항구에 정박하기도 해요. 이 항구의 이름은 천사장(天使長)이라는 뜻의 아르한겔스크(Arkhangelsk)입니다. 영어식으로 표현하면 아키엔젤(Archangel)이라고 할 수 있어요.

아르한겔스크 항에서 남쪽으로 내려가면 상트페테르부르크를 만날 수 있습니다. 이 도시는 러시아 황제였던 표트르 대제의 철저한 계획 아래 건설되었어요.

표트르 대제는 배를 좋아해서 바닷가에서 살고 싶어 했습니다. 그래서 바다와 접한 땅에 길을 닦고 상점을 열고 집과 궁전을 지어 도시를 건설한 다음 사람들을 이주시켰어요. 그러고는 본인의 이름을 따서 '성 베드로의 도시'라는 뜻의 상트페테르부르크(St. Peterbrug)라 이름 붙였지요. 표트르는 베드로(Peter)의 러시아식 발음이에요. 이것은 지금으로부터 약 300년 전의 일이었습니다.

제1차 세계 대전 중 상트페테르부르크에 사는 사람들은 도시 이름을 러시아 어로 바꾸고자 했어요. '부르크'는 독일식 명칭이었고 당시 러시아는 독일과 싸우고 있었기 때문이지요. 그래서 러시아는 도시의 명칭을 '성 베드로의 도시'라는 뜻의 러시아 어인 페트로그라드로 바꾸었어요.

몇 년 뒤 러시아 혁명이 일어났습니다. 러시아 사람들은 러시아 혁명의 지도자인 레닌이 죽자 그를 기념하는 의미로 이 도시의 이름을 '레닌의 도시'라는 뜻의 레닌그라드로 바꾸었어요. 하지만 1991년에 상트페테르부르크로 다시 바꾸었지요. 상트페테르부르크, 페

표트르 대제(1672~1725년)
표트르 1세로 '대제'라는 칭호를 곧잘 붙인다. 상트페테르부르크는 표트르 대제가 자신의 이름을 따서 지은 도시다.

상트페테르부르크

러시아 제2의 도시인 상트페테르부르크는 역사적으로 중요한 도시이기도 하다. 제정 러시아 때 표트르 대제가 건설한 이 도시에는 과거 제국의 영광이 곳곳에 살아 숨쉰다.

성 이삭 성당

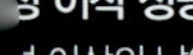

성 이삭의 날인 5월 30일에 태어난 표트르 대제를 기리기 위해 건립되었다.

겨울 궁전 광장 겨울 궁전은 러시아의 마지막 여성 황제가 살았던 장소다. 현재는 세계적으로 유명한 에르미타주 미술관으로 알려졌다

피 흘리신 구세주 교회(그리스도 부활 성당) 알렉산더 2세가 암살당한 곳으로 상트페테르부르크의 상징적 건물 중 하나다

트로그라드, 레닌그라드는 모두 과거 러시아의 수도였던 도시의 이름인 셈이에요.

상트페테르부르크는 날씨가 추워서 러시아는 수도를 러시아 중부 지역에 가까운 모스크바로 옮겼습니다. 모스크바는 표트르 대제가 상트페테르부르크를 건설하기 전에 이미 러시아의 수도였어요.

백해(왼쪽)와 흑해
러시아 북부의 백해는 일 년 내내 얼음이 녹지 않고 눈으로 뒤덮여 있어 '백해'라 부른다. 반면 러시아 남부의 흑해는 바닷물이 검은색에 가까워 보여 '흑해'라고 부른다.

늪지대의 물, 모스크바

모스크바에 가면 집과 궁전, 교회를 둘러싸고 있는 거대한 성벽을 볼 수 있습니다. 이 성벽을 러시아 어로 크렘린이라고 해요. 웅장한 성벽으로 둘러싸인 모스크바는 원래 늪지대의 강가에 있던 작은 부락이었습니다. 그래서 모스크바는 '늪지대의 물'이라는 의미를 지니고 있어요.

나폴레옹이 침입했을 당시 모스크바의 추위는 혹독했어요. 어쩌면 강추위가 무적의 나폴레옹 군대를 무찔렀는지도 모릅니다. 하지만 러시아는 13세기 몽골 인의 침략은 막지 못했어요. 15세기에 몽골 세력에서 벗어나자 모스크바 사람들은 서서히 영역을 확대시켜 결국 시베리아까지 손에 넣게 되었지요. 늪지대의 작은 부락이 세계 최대 국가의 수도가 된 거예요. 묘하게도 시베리아는 몽골 어로 '늪지대의 물'을 의미합니다. 작은 늪지대가 큰 늪지대를 집어삼킨 셈이지요.

러시아는 기독교 국가지만, 우리가 믿는 기독교와 그들이 믿는 기독교는 엄연히 다릅니다. 가톨릭의 교황처럼 러시아 정교에는 대주교라는 우두머리가 따로 있어요. 또한, 로마 가톨릭의 성지가 로마이듯 러시아 정교의 성지는 모스크바랍니다.

러시아 사람들은 대부분 농업에 종사하고 신앙심이 매우 깊습니다. 집집마다 그리스도나 성인의 그림을 벽과 문 옆에 걸어 두고 그 밑에 등을 달아 환하게 밝히지요. 집을 나설 때마다 그림 앞에 서서 가슴에 십자가를 그으며 기도를 올려요. 집에 돌아올 때도 마찬가지로 기도를 올리지요.

붉은 광장
모스크바 크렘린 성벽 북동쪽에 있는 광장이다. 붉은 광장이라는 이름은 소련의 붉은색 깃발에서 유래했다는 설이 전해진다.

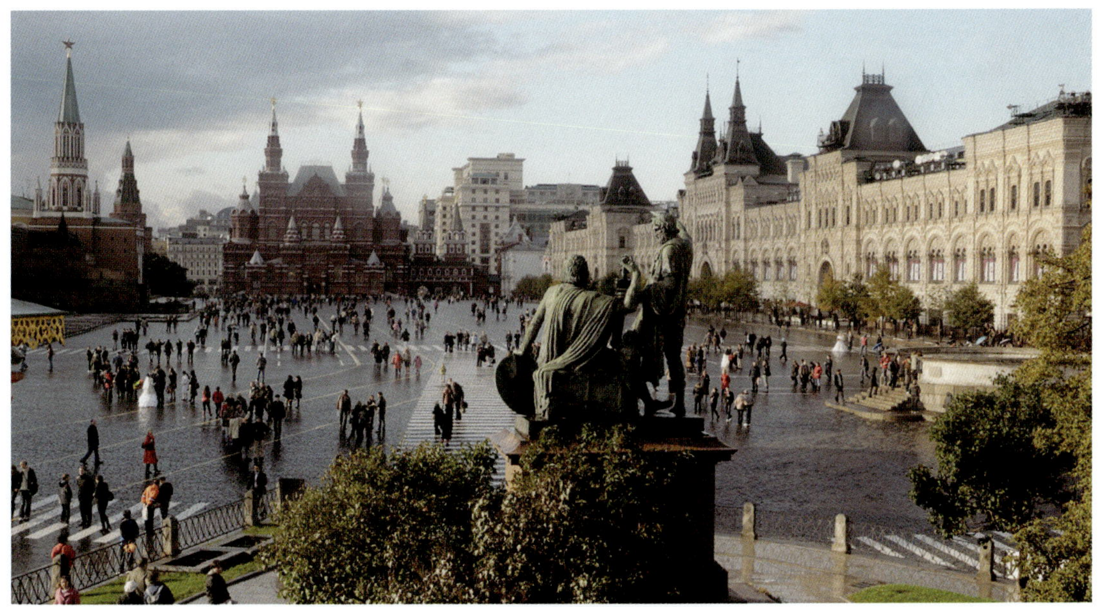

모스크바

러시아의 수도로 상트페테르부
르크와 함께 러시아의 2대 중심
지로 성장해 왔다. 러시아 혁명
이후 다시 수도가 되었고, 지금
은 세계적인 도시로 발전하고
있다.

성 바실리 대성당
200여 년간 러시아를 점령하던 몽골의 카잔
한국을 항복시킨 것을 기념하기 위해 이반 4
세의 명령으로 지어졌다.

크렘린 모스크바의 '붉은 광장' 서쪽에 있는 성벽궁전(城壁宮殿)이다. 사진 오른쪽, 강 위 돔들으로, '붉은 광장'을 바라보고 있다.

유럽에서 가장 높은 산과 가장 긴 강

러시아는 남동쪽으로 험준한 산악 지대가 발달했고, 북서쪽으로는 광활한 평지가 펼쳐져 있어 마치 커다란 반구형의 극장과 같은 모양을 하고 있어요. 우랄 산맥은 고기 습곡 산지로 석탄 매장량이 많습니다. 극동 지역은 환태평양 조산대에 속하며 캄차카 반도는 세계 최대의 지진 및 화산 지역이지요.

유럽에서 가장 높은 산맥과 가장 긴 강도 러시아에 있습니다. 유럽에서 가장 높은 산맥인 캅카스 산맥은 러시아 남부 흑해와 카스피해 사이에 있어요. 이 산맥은 알프스 산맥보다도 고도가 높답니다.

유럽에서 가장 긴 강은 볼가 강이에요. 이 강은 너무 느리게 흘러서 흘러가고 있는 것인지 흘러오고 있는 것인지조차 분간하기 힘들

캅카스 산맥
유럽에서 가장 높은 산맥이다. 봉우리는 만년설로 덮여 있다.

지요. 볼가 강에는 철갑상어가 살고 있어요. 철갑상어의 알을 캐비어라고 하는데, 맛을 아는 사람들은 이 캐비어를 진미 중의 진미로 꼽습니다. 캐비어는 세상에서 가장 비싼 음식에 속해요. 소고기 값의 약 100배가 넘을 정도라고 합니다. 혹시 비싸서 더 인기가 많은 게 아닐까요?

얼어붙은 땅, 시베리아

대부분의 온도계는 영하 40도까지 표시됩니다. 영하 40도 아래로 내려가면 온도계 속의 수은이 얼어 버리기 때문이에요. 지구상에는 온도계의 수은이 꽁꽁 얼어 버릴 정도로 추운 지역이 실제로 존재합니다. 이곳은 북극도 남극도 아닌 시베리아예요. 이곳에 있는 도시 베르호얀스크는 1892년 2월에 영하 67.8도를 기록했답니다.

시베리아는 중국 북쪽에 있으며 겨우내 태양이 거의 뜨지 않아요. 그래서 노르웨이와 스웨덴처럼 겨우내 밤이 계속되지요.

또한, 시베리아는 노르웨이나 스웨덴과는 달리 멕시코 만류의 영향권에 들지 않아서 기온이 영하 40도 아래로 내려갑니다. 이 때문에 시베리아의 기온을 측정하는 데는 특별한 온도계가 필요해요.

시베리아 북부 지역은 나무 한 그루 찾아볼 수 없고 땅이 전부 얼어 있을 정도로 매섭게 추워요. 그래서 사람이 살기 힘든 곳이지요. 거기다 여름에는 기온이 급상승해 가장 더울 때는 무려 영상 32도까지도 올라갑니다. 기온이 올라가면 땅 표면이 녹고 잠시 이끼 따위가 피지만 땅속은 여전히 차갑게 얼어 있는 상태예요.

얼어붙은 땅, 시베리아에도 숨은 진주가 있습니다. 매년 여름이면 자작나무를 배경으로 수많은 야생화가 피어나는 곳, 깊은 여름밤에도 백야로 들뜨게 하는 곳, 겨울이면 북극처럼 온통 얼어붙는 곳, 바로 이곳은 '시베리아의 진주'라고 불리는 바이칼 호수예요. 자작나

무 숲을 배경으로 몽환적인 안개가 피었다 지는 이곳의 모습을 '세상에서 가장 아름다운 풍경'으로 꼽는 사람이 많답니다.

유네스코 세계 자연유산으로 지정된 바이칼 호수에는 2,500여 종의 동식물이 살고 있어요. 가장 깊은 곳이 1,600m에 이르는 바이칼 호수는 세계에서 가장 오래되고 가장 깊은 호수로 이름을 남기게 되었지요. 바이칼 호수 주변에는 우리나라의 옛날이야기와 유사한 전설도 많이 전해지고 있습니다. 예를 들면 러시아판 '선녀와 나무꾼' 이야기가 전해지고 있다고 해요.

시베리아에서 미국까지의 거리는 얼마나 될까요? 두 국가 간의 거리는 불과 80km밖에 되지 않습니다. 베링 해협을 건너면 바로 알래스카지요. 알래스카 반도와 시베리아 사이의 베링 해협이 얼면 아시아 대륙에서 아메리카 대륙까지 걸어서 이동할 수 있어요.

내륙에 있는 바이칼 호수에 바다표범이 사는 이유는 무엇일까요?

바이칼 호수는 크다라는 뜻의 '바이'와 물이란 뜻의 '칼'이 합쳐져 말 그대로 큰 호수라는 뜻입니다. 크기가 남한 면적의 3분의 1이나 되고, 전 세계 민물의 약 5분의 1이 담겨 있어 세계에서 가장 많은 물을 담고 있는 호수지요. 300여 개의 강이 바이칼 호수로 흘러 들어오지만, 물이 빠져나가는 길은 북극해와 연결된 안가라 강 하나뿐입니다. 바이칼 호수에는 2,500여 종의 동식물이 서식하고 있는데, 이 중 80%가 바이칼 호수에만 사는 것이라고 해요. 특히 세계에서 유일하게 민물에서 서식하는 바다표범인 네르파가 유명합니다. 바다와 수천 킬로미터나 떨어져 있는 바이칼 호수에 어떤 방법으로 오게 되었는지는 아직 과학적 미스터리로 남아 있어요. 과학자들은 바이칼 호수와 북극해 사이에 바닷길이 있었을 때 네르파가 들어와서 갇히게 되었을 것으로 추정하고 있답니다. 바이칼 호수는 3,000만 년 전부터 호수 북쪽의 땅은 융기하고 남쪽은 벌어지면서 단층 운동으로 형성되었기 때문이에요. 지금도 바이칼 호수 주변에서는 매년 3,000번 이상 지진이 일어납니다. 호수 주변은 일 년에 1cm씩 융기하고, 호수는 매년 2cm씩 넓어지고 있다고 해요.

바이칼 호수의 바다표범 '네르파'

6 세계 최고의 자원 보고 | 러시아의 산업

러시아는 넓은 국토만큼이나 석탄, 석유, 천연가스 등 에너지 자원이 풍부한 나라예요. 석탄 매장량과 천연가스 채굴량은 세계 최고지요. 러시아 에너지 자원의 상당량이 시베리아에 매장되어 있어요. 그래서 러시아는 시베리아 개발에 박차를 가하고 있답니다. 시베리아는 1916년 시베리아 횡단 철도가 완공되면서 본격적으로 개발되기 시작했어요.

- 러시아에는 석탄, 석유, 천연가스 등 엄청난 양의 지하자원이 매장되어 있다. 최근에는 백금과 석면 채굴량이 증가하고 있다.
- 러시아는 자국 지하자원의 80%가 매장된 시베리아를 개발하기 위해 1916년 시베리아 횡단 철도를 완공했다.
- 시베리아 남부에는 블라디보스토크에서 출발해 모스크바에 이르는 길이 9,300km의 시베리아 횡단 철도가 있다.

무궁무진한 자원

러시아의 채굴 가능한 석탄 매장량은 약 2,400억t으로 세계 제1위였습니다. 쿠즈네츠크 탄전이 러시아의 석탄 공급에 큰 역할을 하고 있어요.

러시아는 세계 최대의 석유 생산국으로 석유 수출량에서는 사우디아라비아에 이어 세계 제2위입니다. 서시베리아 저지의 튜멘 유전에서 러시아 전체 생산량의 60% 이상을 생산하고 있어요. 러시아의 천연가스는 채취량과 수출량에서 세계 최대입니다. 매장량의 70% 이상이 서시베리아에 집중되어 있지요.

세계에서 가장 값진 금속은 금도 아니고 은도 아니에요. 바로 백금이라고 불리는 플래티넘이랍니다. 플래티넘은 은과 비슷해 보이지만 극히 소량만 존재해서 금보다 훨씬 값이 많이 나가요. 그래서 반지, 귀걸이, 시계 등 고가의 제품에 주재료로 사용되고 있지요. 러시아 중앙부에 남북으로 뻗어 있는 우랄 산맥에 많은 양의 플래티넘

러시아 튜멘
시베리아의 관문으로 알려진 튜멘은 1950년대에 튜멘 유전이 발견된 후 경제 성장을 이룬 도시다. 튜멘 유전은 구소련 시대 최대의 유전이었고, 지금도 러시아 원유의 60%, 천연가스의 약 80%를 생산한다.

이 분포해 있어요.

러시아에는 특별한 광석도 있습니다. 은빛 실타래처럼 생겼으며 직물로도 이용되는 석면이에요. 석면으로 만든 직물은 불에 타지 않아서 과거에 어떤 왕은 석면으로 식탁보를 만들어 쓰기도 했습니다. 어느 날 왕은 석면의 속성을 모르는 사람들을 놀라게 해 주기로 했어요. 만찬에 모인 손님들 앞에서 왕은 식탁보를 불 속에 던졌지요. 손님들은 깜짝 놀라 불 속과 왕의 얼굴을 번갈아 쳐다보았어요. 하지만 시간이 흘러도 불 속의 식탁보는 멀쩡했답니다. 오늘날 석면은 소방관 방화복, 건축 자재, 전기 절연재 등으로 쓰여요. 열을 가해도 잘 타지 않는 속성을 이용한 것이지요.

우랄 산맥
러시아 중앙부에 남북으로 뻗어 있는 우랄 산맥에는 많은 양의 플래티넘이 매장되어 있다.

플래티넘(백금) 덩어리
반지, 귀걸이 등 고가 제품에 주재료로 사용되고 있으며 금보다 값이 더 나간다.

시베리아 개발의 난관을 극복하라

시베리아는 미국 전체 영토보다 넓어요. 러시아는 영토의 절반 이상을 차지하는 시베리아를 개발하기 위해 애쓰고 있습니다. 시베리아에는 석유, 석탄, 천연가스 등 러시아 에너지 자원의 80% 정도가 매장되어 있기 때문이에요. 특히 극동 지역과 동시베리아는 동북아시아 시장을 겨냥해서 개발되고 있습니다. 하지만 지리적으로 격리되어 있고 노동력이 부족해 아직도 20%밖에는 개발되지 않았어요.

열악한 자연환경 때문에도 개발이 쉽지 않습니다. 겨울이 춥고 길어 농사짓기 힘들고, 산맥과 하천이 남북 방향으로 발달해 교통이 매우 불편해요. 계절 변화에 따라 토양층이 얼었다가 녹는 것이 반복돼 건물과 도로 건설도 어렵지요. 이런 악조건 때문에 사람이 살

시베리아 다이아몬드 광산
러시아는 영토의 절반 이상을 차지하는 시베리아를 개발하기 위해 힘쓰고 있다.

기 힘들어 인구 유입이 제대로 이루어지지 않았어요. 구소련 정부는 노동력 부족 문제를 해결하기 위해 주민들을 이주시키는 정책을 펴기도 했지요.

러시아는 주요 산업 지역과의 격차를 줄이기 위해 시베리아 개발에 나섰어요. 시베리아는 1916년 시베리아 횡단 철도가 완공되면서 본격적으로 개발되기 시작했습니다. 지하자원 개발과 공업 발달이 가속화되었고, 원료 산지와 동력 산지가 결합한 대단위 공업 단지인 콤비나트가 형성되었어요.

옛 발해의 영토였던 연해주는 1863년부터 한인들이 이주해 오늘날 고려인의 모태가 되었습니다. 블라디보스토크는 사회 기반 시설 확충과 경제 개발이라는 목표를 달성하기 위해 우리나라 기업에 여러 경로로 러브콜을 보내고 있지요.

세상에서 가장 긴 철도

시베리아 남부에는 세계에서 가장 긴 철도가 있어요. 아시아 대륙의 동쪽 끝에 있는 블라디보스토크에서 6박 7일간 기차를 타고 달리면 종착역인 모스크바에 도착하게 됩니다. 그 총 길이는 약 9,300km로, 서울과 부산을 22번 오가는 거리이자 지구 둘레의 1/4에 해당하는 거리예요. 6박 7일 동안 59개의 주요 역을 거치면서 시간대가 무려 여덟 번이나 바뀌므로 매일 아침 시계를 새로 맞춰야 한답니다. 이 철도가 바로 시베리아 횡단 철도예요.

이 철도는 블라디보스토크에서 출발해 중국 북부를 지납니다. 그 후 바이칼 호수를 남으로 낀 채 바이칼 호수 서쪽에 있는 교통 요충

이르쿠츠크

노보시비르스크

블라디보스토크

시베리아 횡단 철도

시베리아 횡단 열차는 쉬지 않고 달려 무려 6박 7일 동안 59개의 주요 역을 거친다. 이 열차는 블라디보스토크에서 출발해 중국 북부를 지나 바이칼 호수를 남으로 낀 채 이르쿠츠크, 노보시비르스크, 옴스크, 예카테린부르크를 거친다. 그러고는 우랄 산맥을 넘어 종착지인 모스크바까지 운행한다.

옴스크

예카테린부르크

모스크바

시베리아 횡단 열차

지인 이르쿠츠크, 시베리아에서 가장 큰 도시인 노보시비르스크, 눈보라와 모래바람으로 유명한 옴스크, 우랄 지역의 중심지인 예카테린부르크를 거쳐요. 그러고는 우랄 산맥을 넘어 종착지인 모스크바까지 운행됩니다.

차창 밖으로 펼쳐지는 광활한 스텝 지대와 자작나무 숲, 끝없는 초원, 매일 새롭게 바뀌는 일출과 일몰 등 156여 시간에 달하는 긴 시간 동안, 여행자들은 시베리아의 장엄한 대자연 속으로 꿈같은 시간 여행을 하게 돼요. 시베리아 인구 대부분은 시베리아 횡단 철도를 따라 모여 살지만 역에서 수 킬로미터를 가야 마을이 나옵니다. 그래서 마을에서 역까지 가려면 장시간 운전을 해야만 돼요.

시베리아의 주요 도시 이름은 대부분 '스크' 혹은 '츠크'로 끝납니다. 옴스크, 톰스크, 이르쿠츠크 등을 예로 들 수 있어요. 이것은 특별한 뜻을 지니는 것이 아니라 일종의 관용적인 접미어라고 볼 수 있습니다. 이르쿠츠크는 건물과 도로가 아름다워서 '시베리아의 파리'라고도 불려요.

러시아가 시베리아 횡단 철도를 건설한 이유는 무엇일까요?

러시아는 19세기 후반 시베리아를 넘어 태평양 지역에서의 영향력을 넓히고자 했어요. 그래서 유럽에서 보았을 때 아시아의 맨 끝에 해당하는 블라디보스토크를 중심으로 이익을 얻을 수 있는 권리를 확보하기 위한 경쟁에 본격적으로 뛰어들었습니다. 그러나 러시아는 유럽 지역과 아시아 지역을 연결하는 교통망이 없었어요. 그래서 효율적인 개발이나 지배가 어려웠지요. 그러는 사이 일본, 중국, 영국 등이 러시아의 극동 지역을 넘보았고, 러시아는 이 지역을 안전하게 확보해야만 하는 절박한 상황에 놓이게 되었어요. 1891년 공사를 시작해 1916년 마무리된 시베리아 횡단 철도는 러시아가 아시아 지역과 태평양 연안을 개발할 수 있게 됨으로써 강대국으로 우뚝 서는 데 큰 역할을 했습니다. 시베리아 횡단 철도의 개통으로 광대한 시베리아 지역을 개발해 산업화로 연결할 길을 열게 되었지요. 또 오늘날의 시베리아 횡단 철도는 유럽과 아시아를 연결하는 가장 짧은 교통망이고, 중국이나 일본의 화물을 유럽으로 수송하면서 벌어들이는 수입이 만만치 않아 효자 역할을 톡톡히 하고 있어요.

시베리아 횡단 철도의 발착역, 모스크바의 카잔스키 역

7 러시아의 주변 국가들 |
독립 국가 연합·발트 3국·캅카스 3국·
슬라브 국가들

러시아의 남서쪽과 서쪽에는 독립 국가 연합과 발트 3국이 있어요. 이 나라들과 러시아는 예전에 소련에 속했던 나라입니다. 한때 '거인'으로 불렸던 소련은 15개 공화국으로 이루어진 세계 최대의 다민족 국가였어요. 하지만 1991년 소련은 경제적 문제와 소수 민족 문제 때문에 붕괴되었지요. 소련이 무너지면서 발트 3국과 그루지야를 제외한 11개 공화국은 독립 국가 연합(CIS)을 결성했어요. 스스로 유럽 국가라는 인식이 강했던 발트 3국은 독립 국가 연합에 가입하지 않았답니다.

- 소련 해체 후 소련으로부터 독립한 나라들은 경제적인 협력을 위해 다시 러시아와 '독립 국가 연합'을 결성했다.
- 캅카스 3국은 흑해와 카스피 해 사이에 있는 캅카스 지역의 아제르바이잔, 아르메니아, 조지아(그루지야) 세 나라를 일컫는다.
- 서부 평야 지대의 우크라이나, 벨라루스, 몰도바는 러시아 정교를 믿는 슬라브 족에 해당된다.
- 카스피 해를 둘러싼 카자흐스탄, 투르크메니스탄, 아제르바이잔, 러시아, 이란은 카스피 해 영유권 문제로 분쟁 중이다.
- 아랄 해는 사막화 때문에 해마다 강물의 유입이 줄어들고 있다. 호수 바닥이 드러나 소금 사막으로 변하고 있다.

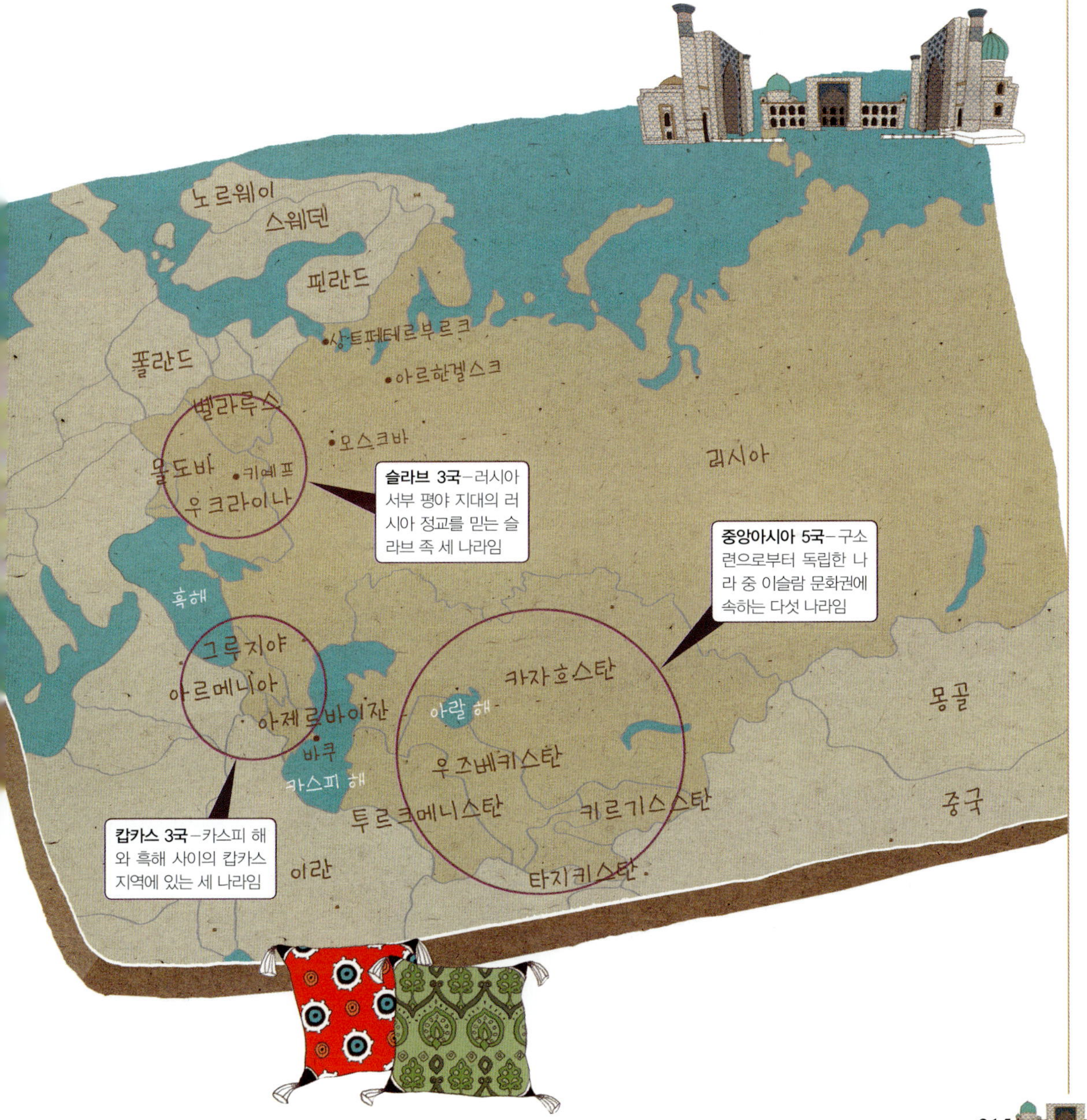

영원한 제국은 없다 – 독립 국가 연합의 탄생

제정 러시아가 몰락한 후에 세워진 소련은 강력한 군사 독재 국가였어요. 공산주의 체제 아래 아시아와 유럽에 걸친 최대의 다민족 국가이기도 했지요. 또 소련은 제2차 세계 대전 이후 동유럽 전체와 북한까지 세력권에 넣는 세계 강국이 되었어요. 하지만 계획 경제의 실시와 지배 계층의 부패는 생산 의욕을 떨어뜨렸습니다. 소련은 경제가 침체되고 외교적으로도 고립되는 문제에 부닥쳤지요. 1980년대 후반, 고르바초프는 민주주의 정책을 도입하고 자유 기업을 장려했어요. 서방과의 관계도 정상화했지요. 그러나 이러한 노력은 성과를 거두지 못했고, 결국 소련은 해체되었어요.

소련이 무너지면서 독립한 나라들끼리 모여 독립 국가 연합(CIS)

CIS 집행 위원회 본부
독립 국가 연합의 집행 위원회 본부는 현재 벨라루스의 수도 민스크에 있다.

이란 느슨한 형태의 정치 공동체를 구성했습니다. 러시아-조지아 전쟁 이후 조지아가 독립 국가 연합에서 탈퇴했고, 2014년에는 우크라이나가 탈퇴했어요. 그래서 현재 독립 국가 연합은 러시아, 벨라루스, 몰도바, 카자흐스탄, 우즈베키스탄, 타지키스탄, 키르기스스탄, 아르메니아, 아제르바이잔, 투르크메니스탄(준회원)이랍니다.

독립 국가 연합 깃발

1991년 구소련에서 가장 먼저 탈퇴한 에스토니아, 라트비아, 리투아니아를 발트 3국이라고 해요. 발트 해를 끼고 있는 세 나라는 일찍부터 유럽과 가깝게 지내 왔습니다. 구소련이 무너진 후 독립한 15개 국가 중에서 이 발트 3국만 러시아가 주도한 독립 국가 연합에 들어가지 않고 자기네들끼리 돈독한 유대 관계를 맺고 있어요. 또 북대서양 조약 기구(NATO)와 유럽 연합(EU)에도 가입하는 등 정치적으로도 완전히 독립했지요.

'스탄'이란 이름의 나라들

구소련으로부터 독립한 국가 중 이슬람 문화권인 카자흐스탄, 우즈베키스탄, 타지키스탄, 키르기스스탄, 투르크메니스탄은 중앙아시아에 속해요. '스탄'이 붙은 또 다른 국가인 파키스탄과 아프가니스탄은 서남아시아에 속합니다. '스탄'은 페르시아 제국이 통치한 지역에 공통으로 붙는 명칭으로 '~의 땅'이라는 뜻이에요. 카자흐스탄은 '카자흐 족의 땅', 우즈베키스탄은 '우즈베크 족의 땅'이라는 뜻이지요.

이 지역은 대륙의 중앙에 있어 바다의 영향을 적게 받아요. 전체적으로 강수량이 적어 사막과 초원의 건조 기후가 넓게 나타나지요.

사람들은 유목을 하거나 높은 산의 눈 녹은 물을 이용해 관개 농업을 했습니다. 하지만 지나치게 물을 많이 끌어 써서 아랄 해가 줄어들고 주변이 사막화되기도 했어요.

비교적 습윤한 카자흐스탄 북쪽 초원에서는 밀을 많이 심고, 메마른 남쪽에서는 목화, 밀, 포도, 채소 등을 재배합니다. 가축으로는 양과 소를 키우지요.

카자흐스탄, 투르크메니스탄, 우즈베키스탄이 있는 카스피 해 연안은 석유와 천연가스가 세계적으로 많이 산출되는 지역이에요.

카자흐스탄에는 중앙아시아의 사우디아라비아라고 불릴 정도로 석유가 많이 매장되어 있습니다. 천연가스는 러시아를 지나는 송유관과 가스관을 통해 유럽으로 수출하지요. 카자흐스탄은 러시아 주위의 나라 가운데 가장 넓은데, 면적이 한반도의 12배나 됩니다. 카자흐스탄의 북부와 서부에 맞닿아 있는 러시아와의 국경은 길이가 무려 6,467m로 세계에서 가장 길지요.

우즈베키스탄에는 우리 교민들도 많이 살고 있어요. 일제 강점기

카자흐스탄의 카즈무나이가즈
석유와 천연가스 수출을 위한 국영 기업이다.

사마르칸트 레기스탄 광장 우즈베키스탄 제2의 도시인 사마르칸트는 실크로드의 교역 기지로 번성했었다. 레기스탄 광장은 사마르칸트의 중심지다.

샤히 진다 '살아 있는 왕의 무덤'이라는 뜻을 지닌 샤히 진다는 사마르칸트의 상징적인 건축물이다.

때 연해주에 살고 있던 우리 민족들이 강제로 이곳에 이주했기 때문입니다.

우즈베키스탄 제2의 도시인 사마르칸트는 실크로드의 보물 창고예요. 유럽과 아시아를 연결하는 길목에 자리한 사마르칸트는 교역의 요충지로서 크게 번성했습니다. 하지만 칭기즈 칸에 의해 멸망하고 말았어요. 나중에 칭기즈 칸의 후예인 티무르 왕조가 사마르칸트를 수도로 정하면서 다시 전성기를 맞게 되지요. 사마르칸트는 도시 전체가 유네스코 세계 문화유산으로 지정될 정도로 아름다운 유물과 유적이 가득해요. 그중에서도 '살아 있는 왕'이라는 뜻을 지닌 '샤히 진다'는 이슬람 종교 지도자와 티무르 왕족들의 묘지인데, 무슬림들의 발길이 끊이지 않는 곳이랍니다.

캅카스 3국을 들어 보셨나요?

우리나라 사람들에게 발트 3국은 익숙하지만 캅카스 3국은 낯설 거예요. 캅카스 3국이란 흑해와 카스피 해 사이에 있는 캅카스 지역의 아제르바이잔, 아르메니아, 조지아(그루지야) 세 나라를 말합니다.

캅카스 3국은 모두 아시아와 유럽의 경계인 캅카스 산맥에 있어 지리상으로는 아시아에 속해요. 하지만 문화적·종교적·역사적으

흑해에서 바라본 캅카스 산맥

로는 서아시아보다 동유럽에 더 가깝지요. 그래서 가끔 동유럽과 문화 교류를 하고, 축구 국제 경기에서도 유럽축구연맹에 편성되어 있답니다.

아제르바이잔, 아르메니아, 조지아(그루지야)는 모두 소비에트 연방에 속해 있었다가 1991년 소련 붕괴 이후 독립했어요. 세 나라 모두 정치 연합체인 독립 국가 연합에 가입했는데, 조지아는 2008년 러시아와의 전쟁을 치룬 이후 연합에서 탈퇴하게 되지요.

세 나라의 종교를 보면, 조지아는 동방 정교, 아르메니아는 아르메니아 정교, 아제르바이잔은 이슬람교입니다. 문자를 보면, 조지아와 아르메니아는 고유 문자가 있었어요. 하지만 아제르바이잔은 본래 아랍 문자를 써 오다가 소비에트 시대 초기에는 로마 문자, 이후에는 키릴 문자, 소련 해체 이후에는 다시 로마 문자를 사용하고 있습니다.

카스피 해 서해안에 있는 아제르바이잔의 수도 바쿠에는 석유가 풍부해요. 그런데 카스피 해에서 흘러 나가는 강이 없기 때문에 바쿠에서 배를 타고 흑해로 가는 것은 불가능하지요. 그래서 바쿠의 석유를 배가 드나드는 곳으로 운반하려면 새로운 길이 필요했습니다. 배가 드나들 수 있는 가장 가까운 장소는 흑해에 있는 바투미라는 도시로 바쿠에서 1,000km 이상 떨어져 있었어요. 결국 바쿠와 바투미를 잇는 1,000km 길이의 거대한 송유관을 설치했지요. 그 후 유조선으로 전 세계에 석유를 공급할 수 있게 되었답니다.

캅카스 지방은 세계 4대 장수촌 중 한 곳으로 잘 알려져 있어요. 장수 비결은 고산 지대의 깨끗한 공기와 맑은 물 때문이랍니다. 캅

캅카스 3국

캅카스 3국인 아제르바이잔, 아르메니아, 조지아는 우리에게 생소하다. 2008년 조지아와 러시아의 전쟁이 국제적 이슈가 되었지만, 여전히 새롭고 신비한 나라들이다. 아시아와 유럽의 문화가 공존하고 중세적 느낌이 살아 있는 이 나라들은 무엇인가 많은 이야기를 담고 있는 듯하다. 다음은 세 나라의 수도 풍경이다.

조지아의 수도 트빌리시

아제르바이잔의 수도 바쿠

아르메니아의 수도 예레반

카스 산맥에서 흐르는 맑은 물은 미네랄과 산소가 풍부한 알칼리수예요. 또 캅카스 사람들은 요구르트를 많이 만들어 먹고 야채와 과일을 충분히 섭취하는데, 특히 과일은 껍질과 씨까지 모두 먹습니다. 가족 간의 화목을 중시하고 친구를 많이 사귀는 것도 장수 비결 중 하나예요.

서부 평야 지대의 슬라브 국가들

서부 평야 지대에는 자원이 많고 국토가 넓은 우크라이나, 그리고 벨라루스와 몰도바가 있어요. 이곳 사람들은 주로 러시아 정교를 믿는 슬라브 족이지요. 초원은 비옥한 흑토 지대로 밀, 사탕무, 목화, 해바라기, 감자가 많이 납니다. 특히 우크라이나의 흑토 지대는 세계에서 가장 비옥한 토양인 체르노젬 토가 널리 분포해요. 이곳은 엄청난 밀 생산량을 자랑해서 이 흑토 지대를 '유럽의 빵 공장'이라 부르기도 한답니다.

미국에서는 아무리 비옥한 토양이라 해도 어느 정도 파 보면 어떤

흑토 지대
엄청난 밀 생산량을 자랑하는 곳이다. 빵의 주원료가 밀이므로 이 흑토 지대를 '유럽의 빵 공장'이라 부르기도 한다.

식물도 자랄 수 없는 암석이나 진흙이 발견돼요. 그러나 러시아의 비옥한 토양은 사람 키의 서너 배는 더 깊이 파 들어가야 암석이나 진흙 토양을 발견할 수 있지요.

흑토 지대는 반건조 지역인 스텝 지역에 생긴 흑색토 지역이에요. 우크라이나 일대와 중앙아시아에 널리 분포하고, 미국 프레리 지방에서도 나타나지요.

흑토 지대는 강수량이 적어 나무보다는 주로 초지로 이루어져 있습니다. 흙 위에 부식된 식물 층이 두껍게 덮여 있지요. 이 때문에 토양이 매우 비옥해서 엄청난 밀 생산량을 자랑합니다. 우크라이나가 옛 소련에 속했을 때는 연방 전체를 먹여 살리다시피 했지요.

벨라루스는 내륙국이어서 우크라이나, 러시아, 폴란드 등 다른 나라에 둘러싸여 있어요. 바다가 없어서 답답할 수 있겠지만 유럽과 러시아를 연결하는 중요한 곳입니다.

몰도바는 우크라이나와 루마니아 사이에 있는 작은 나라예요. 몰도바는 한때 루마니아의 영토였지만 소련이 차지한 후 1991년 소련의 해체와 함께 독립했습니다. 토지는 비옥하지만 자원이 부족해서 주로 농사를 많이 지어요.

카스피 해는 바다일까, 호수일까?

카스피 해의 영어 지명은 'Caspian Sea'예요. 지명으로만 본다면 분명히 바다에 해당합니다. 그런데 카스피 해는 러시아 남서부, 아제르바이잔, 투르크메니스탄, 카자흐스탄, 이란 북부로 둘러싸여 호수로도 보여요.

카스피 해

육지 위의 아름다운 바다인 카스피 해는 지명으로만 보면 바다지만 지리적으로는 호수로 볼 수도 있다. '바다냐, 호수냐'는 논란은 카스피 해를 둘러싼 나라들의 영토 분쟁에서 주요 이슈다.

바쿠에서 바라본 카스피 해

지도로 본 카스피 해

위성 사진으로 본 카스피 해

육지 위의 바다, 카스피 해

카자흐스탄, 투르크메니스탄, 아제르바이잔은 카스피 해를 바다라고 주장하고, 러시아와 이란은 호수라고 주장합니다. 카스피 해가 바다든 호수든 이해관계가 없는 나라는 상관이 없겠지만 인접 국가로서는 대단히 중요한 문제예요. 카스피 해에는 대규모 해저 유전이 있기 때문이지요.

카스피 해가 바다라면 앞서 말한 국제 해양법에 따라 배타적 경제수역이 적용되어 해당 국가는 일정 거리 내의 자원을 독점할 수 있게 됩니다. 그래서 카스피 해 먼바다에서 대규모 에너지 자원을 발견한 카자흐스탄, 투르크메니스탄, 아제르바이잔은 카스피 해를 바다라고 주장하는 거예요.

카스피 해가 호수로 인정되면 해저 유전은 5개국이 공동으로 관리해야 합니다. 그러므로 러시아와 이란도 유전 개발권을 주장할 수 있게 되지요. 이렇게 이해관계에 따라 각 나라의 입장이 달라지게 된 것입니다.

아랄 해가 점점 좁아지는 이유

카스피 해의 동쪽에 있는 아랄 해(Aral Sea)는 호수면서 바다로 불립니다. 아랄 해는 카자흐스탄 남부와 우즈베키스탄 북부 사이에 있어요. 아랄 해라는 이름은 '섬들의 바다'라는 뜻인 키르기스 아랄덴기스에서 유래되었다고 합니다. 실제로 아랄 해에는 1,000개 이상의 섬들이 있었어요. 하지만 한때 세계에서 네 번째로 큰 호수였던 아랄 해가 점점 좁아지고 있습니다. 왜 그럴까요?

우선 아랄 해가 있는 지역은 건조 기후에 속합니다. 전 세계적으

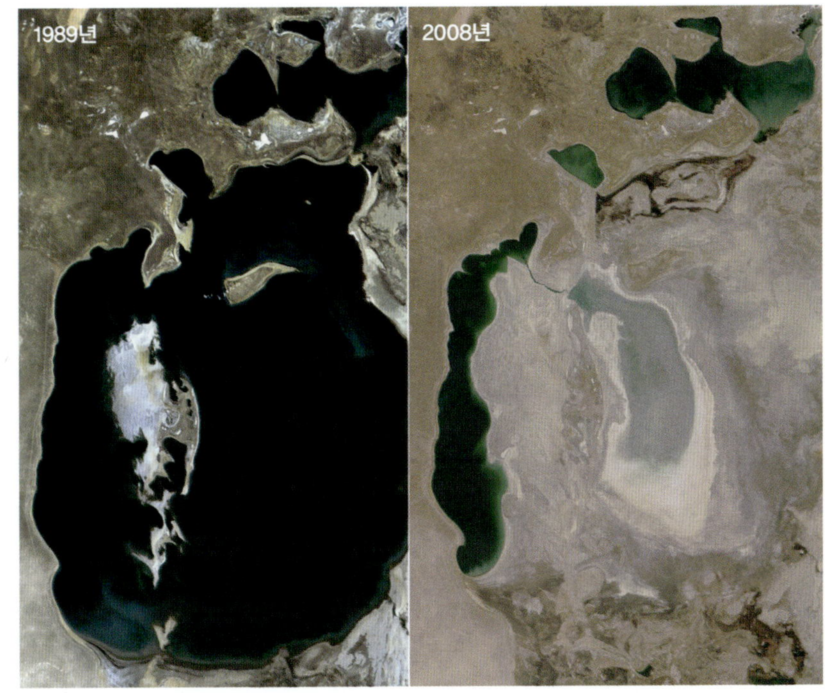

로 건조 기후 지역에서 진행되는 사막화는 아랄 해와 무관하지 않지요. 또 강물의 유입이 해마다 줄어들고 있어요. 1960년대부터 소련이 아랄 해로 흘러가는 아무다리야 강과 시르다리야 강물을 중간에 차단하고, 목화나 밀 등을 경작하기 위해 관개용수로 사용하고 있습니다. 이 강물을 이용해 우즈베키스탄, 카자흐스탄, 투르크메니스탄 등지의 넓은 땅을 관개 농지로 바꾸었어요. 이 때문에 아랄 해로 흘러드는 강물의 양이 대폭 줄어든 거지요.

호수로 유입된 물이 크게 줄자 염도가 높아지고 수량이 감소했습니다. 예전에는 풍부했던 철갑상어와 잉어 등 토속 어종이 사라졌고 어민들은 생계를 잃게 되었어요. 토양의 염도가 높아지면서 농작물 생산량도 점차 감소하고 있답니다. 말라 버린 호수 바닥은 소금 사

막이 되었지요.

아랄 해에서 날아온 소금과 모래 때문에 주변 지역은 마치 눈이 온 것처럼 하얗게 보인다고 합니다. 소금과 먼지는 수백 킬로미터 이상 떨어진 동쪽의 사막 지역과 심지어 중국에서도 검출된다고 해요. 논밭은 황폐화되고 가축들은 오염된 수로의 물을 마시게 되었지요. 심지어는 소금기 때문에 콘크리트 담장이 부식되기도 해요.

현재 카자흐스탄과 우즈베키스탄은 이 문제를 해결하려고 노력 중이지만 쉽지 않습니다. 강물의 흐름을 아랄 해로 돌리면 주변 농업이 큰 타격을 받기 때문이지요.

일제 강점기 때 연해주에 살던 우리 민족은 왜 우즈베키스탄으로 강제 이주 당해야 했을까요?

20세기 초 일본이 조선을 강제로 점령함에 따라 식민 지배에 반대하는 독립운동가들과 일제에 의해 토지를 잃은 농민들은 살길을 찾아 구소련의 연해주로 이동했어요. 대부분 농업에 종사하며 불모지나 다름없었던 연해주 지역을 개척했지요. 그러나 1937년 스탈린의 소수 민족 말살 정책 때문에 연해주에 살던 18만여 명의 한인들이 하루아침에 강제로 중앙아시아의 우즈베키스탄, 카자흐스탄 등의 사막 지대로 내던져지는 사건이 발생했습니다. 강제 이주는 충분한 시간적 여유를 주고 행해진 것이 아니어서 한인들은 거의 맨몸으로 떠나야 했어요. 또 화물차나 가축 운반차를 개조한 열차에 짐짝처럼 실려 먹을 것조차 공급되지 않은 채로 한 달여를 달려 중앙아시아의 사막에 버려지듯 내려졌다고 합니다. 이동 도중 숨진 사람은 말할 것도 없고 어렵게 도착한 곳에서 고통스럽게 죽어 간 사람들의 숫자가 헤아릴 수 없을 정도였다고 해요. 강제 이주한 한인들은 생존을 위협하는 극한 상황 속에서 메마른 사막을 개척해 벼농사를 시작했습니다. 조선 땅에서 논농사를 하며 얻은 기술과 특유의 근면성을 바탕으로 황무지에서 벼농사를 지었던 것이지요. 이들은 소련 붕괴 이후에도 여전히 어려운 삶을 살고 있다고 해요. 이주 1세대를 넘어 2세대, 3세대까지 어려움이 대물림되고 있지요.

3 개발에 활기를 띠는 동남 및 남부 아시아

전 세계 중 잘사는 나라는 극히 일부에 불과하고 대다수 나라들은 빈곤에 시달리고 있어요. 동서 냉전이 끝난 지 오래지만 이제는 남북의 경제 격차가 점점 커지고 있습니다. 특히 동남 및 남부 아시아는 인구와 식량 문제로 골머리를 앓고 있어요. 이러한 어려움을 해결하기 위해 최근에는 공업 발전과 지역 개발에 박차를 가하고 있답니다.

동남아시아는 인도차이나 반도와 수많은 섬으로 구성되어 있고, 오세아니아 대륙 및 태평양과 인도양을 잇는 교통의 요지에 있어요. 주로 열대 기후에 속하는 이 지역은 계절풍 때문에 벼농사가 발달했지요. 남부 아시아는 미얀마와 아프가니스탄 사이에 있는 인도 반도와 실론 섬으로 이루어져 있어요.

동남아시아의 풍부한 자원과 인력을 탐낸 서구 열강들은 한때 동남 및 남부 아시아 지역을 지배했습니다. 그럼에도 오랜 역사 속에서 잉태된 다채롭고 신비로운 종교와 문화는 여전히 찬란한 빛을 발하고 있어요. 이처럼 다양한 종교와 문화는 주민들 간의 갈등을 일으키기도 하지만 대체로 평화로운 공존을 모색하며 발전하고 있답니다.

아프가니스탄
파키스탄
인더스 강
델리
뉴델리
아그라
네팔
부탄
중국
모헨조다로
갠지스 강
바라나시
방글라데시
인도
부다가야
콜카타
몽바이
미얀마
라오스
남중국해
벵골 만
양곤
타이
태평양
아라비아 해
첸나이
방콕
캄보디아
베트남
필리핀
스리랑카
(실론 섬)
콜롬보
믈라카 해협
말레이시아
브루나이
말레이시아
인도양
쿠알라룸푸르
싱가포르
보르네오 섬
셀레베스 섬
수마트라 섬
인도네시아
자카르타
자바 섬

1 세계에서 사람들이 가장 많은 곳 |
동남 및 남부 아시아

사계절이 뚜렷한 우리나라와는 달리 동남 및 남부 아시아는 두 계절이 반복해서 나타납니다. 바로 건기와 우기예요. 건기는 더운 열기로 대지의 물이 다 마르고 모든 생명체가 비를 기다리며 숨죽이는 '죽음의 계절'입니다. 그러다가 습기를 가득 머금은 서풍이 불어와 비를 뿌려 대지를 촉촉하게 적시지요. 그러면 죽은 듯 숨어 있던 만물이 다시 살아나면서 '생명의 계절'을 맞이합니다. 생명의 근원인 비가 땅을 풍요롭게 만들고 땅의 소산물들이 수많은 사람을 살리지요. 그래서일까요? 세계에서 사람들이 가장 많이 모여 사는 곳이 바로 동남 및 남부 아시아랍니다.

- 동남 및 남부 아시아는 인도 대륙, 인도차이나 반도, 화산 지형인 말레이 제도로 이루어져 있다.
- 남부 아시아는 인구는 계속 늘어나지만 식량 생산량이 그에 미치지 못해 식량 부족 문제가 발생하고 있다.
- 동남 및 남부 아시아에는 지하자원이 풍부하다. 동남아시아는 오늘날 섬유, 의류, 전기 등 노동 집약적인 상품의 국제 생산 기지로 성장하고 있다.
- ASEAN은 동남아시아 지역 내 협력을 통한 경제적 번영과 사회 발전을 위해 결성한 국제기구다.
- 동남아시아는 지리적 위치 때문에 여러 종교가 전파되었다. 또 다채로운 종교·문화 경관이 천혜의 자연환경과 어우러져 있다.

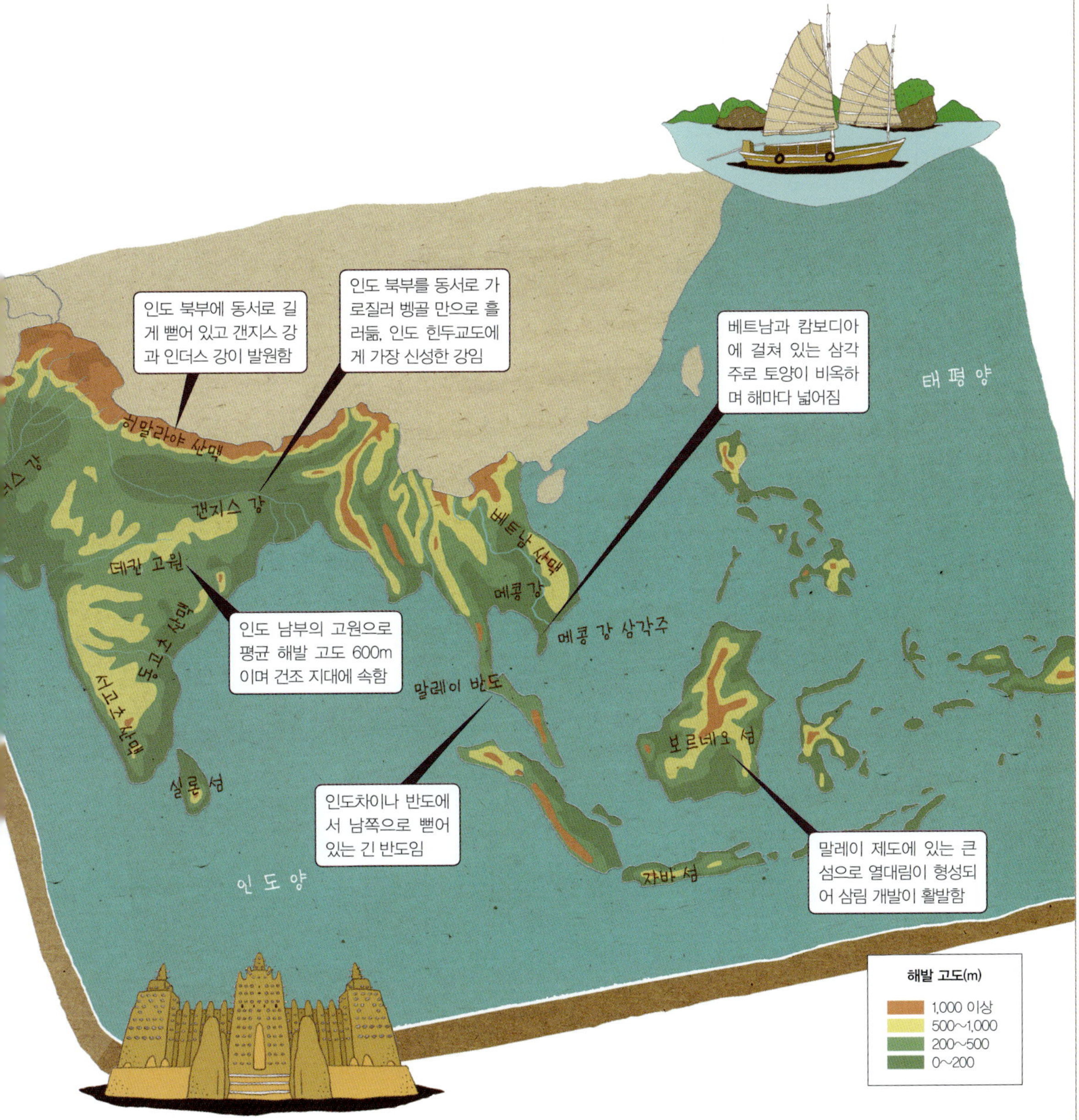

동남아시아의 지형과 기후

동남아시아는 인도차이나 반도와 말레이 반도, 그리고 인도네시아와 필리핀 등 크고 작은 섬들을 포함한 지역을 말합니다. 동쪽에는 남중국해, 서쪽에는 벵골 만이 있고 북쪽으로는 중국과 접하고 있지요.

북부 지역은 히말라야 산맥의 동쪽에서 이어진 아라칸 산맥이 남쪽으로 뻗어 있고, 동부 지역은 북쪽으로 뻗은 산맥이 통킹 고지와 베트남 산맥을 형성하고 있어요. 그 외의 지역은 메콩 강, 친드윈 강, 이라와디 강 등이 흐르며 강 유역은 넓고 기름진 충적 평야를 이루고 있지요.

화산섬으로 이루어진 인도네시아와 필리핀은 환태평양 조산대에 걸쳐 있습니다. 일본은 환태평양 조산대에 속해 있어 지진과 화산 활동이 활발하다고 했었지요? 인도네시아와 필리핀도 마찬가지예요. 대부분 화산섬이다 보니 산지가 많고 충적 평야는 좁지요. 그래서 산비탈을 계단 모양으로 깎아 만든 논에서 농사를 짓는 계단식 농업이 발달했어요.

남부 아시아는 히말라야 산맥에서 인도양으로 뻗은 인도 반도와 그 주변을 말합니다. 동쪽으로는 동남아시아, 서쪽으로는 서남아시아와 경계를 이루지요. 중심에 있는 인도를 기준으로 북쪽에는 중국, 네팔, 부탄이 있고, 북서쪽에는 파키스탄, 동쪽에는 방글라데시 등이 있어요.

인도 북부에는 거대한 히말라야 산맥이 길게 뻗어 있고, 그 아래 중부에는 넓은 평야 지대가 펼쳐져 있습니다. 중부 평원에는 히말라

인도네시아의 계단식 논
평야는 적고 산지가 많아 산비탈을 계단 모양으로 깎아 농사를 짓는다.

야 산맥에서 발원해 카슈미르 지방을 거쳐 파키스탄 본토를 관통하는 인더스 강이 있어요. 인도 북부를 동서로 가로질러 벵골 만으로 흘러드는 갠지스 강도 있지요. 특히 인더스 강은 세계 4대 문명의 하나인 인더스 문명이 시작된 곳이기도 해요. 남부에는 인도양 방향으로 다시 고원 지대가 이어지지요.

동남 및 남부 아시아는 거의 전 지역이 열대 기후에 속하고 계절풍의 영향을 받습니다. 여름에는 인도양으로부터 습하고 더운 남서 계절풍이 불어와요. 이 바람이 산지를 타고 올라가 많은 양의 비가 내리게 되지요.

일반적으로 동남아시아의 적도 부근은 강수량이 많아요. 적도

선 바로 아래 지역은 연 강수량이 4,000mm 이상이고, 기타 지역은 2,000mm가 넘을 정도니까요. 인도의 아삼 · 뭄바이 지방은 여름철에 비가 집중적으로 내리는 데 반해 데칸 고원의 대륙 지방은 비가 적어 연 강수량이 500~1,000mm 내외입니다. 북부 인더스 강 유역은 가장 건조해서 파키스탄 지역은 연 강수량이 240~330mm 정도지요.

히말라야 산기슭에 있는 인도의 아삼 지방은 고온 다습한 바람이 히말라야 산맥에 부딪치면서 많은 비를 쏟아부어 세계 최다우지로 손꼽힙니다.

특히 체라푼지 지역은 보통 연 강수량이 1만mm를 넘어요. 1841년 8월 한 달 동안에는 6,000mm 이상의 기록적인 폭우가 쏟아졌다고 합니다. 우리나라의 평균 연 강수량이 1,200mm 정도이니 얼마나 많은 비가 내리는지 짐작이 가지요?

동남아시아의 젖줄, 메콩 강

메콩 강은 티베트 고원에서 시작해 미얀마, 타이, 라오스, 캄보디아, 베트남 등 6개국을 흐르는 길이 4,350km에 달하는 강이에요. 매년 홍수 때마다 메콩 강 지류를 통해 운반된 비옥한 흙 덕분에 메콩 강 삼각주는 쌀농사가 풍년을 이룹니다. 또한, 메콩 강 유역은 수력 자원과 석탄, 석유, 가스, 목재 등 천연자원의 보고로 '기회의 땅'이라고도 불려요.

메콩 강 유역의 6개 나라는 아시아 개발 은행(ADB)과 공동으로 지역 경제 협력 회의를 열어 유럽처럼 교통과 통신이 연결된 경제 공동 지역을 개발하려고 노력 중이랍니다.

메콩 강 티베트 고원에서 시작해 미얀마, 타이, 라오스, 캄보디아, 베트남 등 6개국을 지나간다.

라오스와 타이 사이의 메콩 강 최근 메콩 강 개발을 둘러싸고 국가 간 이해관계가 발생하고 있다.

그런데 최근 메콩 강 개발을 둘러싸고 국가 간 이해관계가 대립하고 있어요. 메콩 강 중상류 지역인 중국과 라오스에서는 댐 건설을 계획하고 있고, 타이는 거대한 관개 수로를 지을 예정입니다. 이렇게 되면 강 하류 지역은 어떻게 될까요? 하류에 있는 베트남은 영양분을 지닌 토양이 하류로 내려오지 못해 토양이 척박해지겠지요. 또 바닷물이 역류해 토양에 소금기가 많아질 거예요. 결국 베트남에서 농업과 수산업에 종사하는 사람들은 큰 피해를 입게 됩니다.

따라서 메콩 강 개발은 주변 국가들의 에너지 수요와 강의 보전에 대한 상호 이해관계를 적절하게 조절하는 것이 무엇보다도 중요한 과제예요. 앞으로 어떻게 개발하느냐에 따라 메콩 강 유역은 '분쟁의 불씨'가 될 수도 있고, '풍요의 땅'이 될 수도 있으니까요.

인구가 식량 생산량을 추월하다

남부 아시아는 비가 많이 오고 기온이 높아 많은 사람이 벼농사를 짓고 있습니다. 사탕수수, 차, 바나나와 같은 열대작물을 상품으로 팔기 위해 재배하는 플랜테이션도 발달했어요. 이렇듯 남부 아시아에서는 많은 사람이 식량을 생산하고 있지만, 아이러니하게도 만성적인 식량 부족으로 고통받는 사람들이 많습니다. 그 이유는 무엇일까요?

우선 이 지역은 의료 시설이 개선되면서 인구 사망률이 감소하고 있습니다. 즉 인구가 폭발적으로 늘어나고 있는 거예요. 인도의 인구는 12억 명이고, 13.5억 명의 인구를 가진 중국에 이어 세계 2위를 달리고 있습니다. 지구촌 70억 명 인구의 3명 중 1명이 중국인

아니면 인도인인 셈이에요.

이렇게 인구는 늘어났지만 식량 생산량은 그에 미치지 못하고 있습니다. 농경지가 많은 편도 아니고 관개 시설이나 농업용 기계도 부족한 형편이에요.

또 5월에서 10월 사이의 우기에는 홍수가 자주 일어나 농경지가 물에 잠겨 농작물 수확에 막대한 피해를 줍니다. 그러다 보니 실제 식량 생산량은 우리나라 식량 생산량의 절반 정도여서 식량 부족 문제가 생길 수밖에 없지요.

천연자원의 보물 창고

동남아시아에 가면 울창한 열대 우림을 많이 볼 수 있어요. 이 중 티크, 마호가니, 나왕 등의 나무는 재질이 단단해서 고급 가구나 건축 재료로 쓰입니다. 인도네시아, 타이, 필리핀이 나무를 많이 수출하지요.

우리나라도 주로 이 지역에서 나무를 수입하고 있으며 인도네시아의 보르네오 섬에서는 삼림 개발에 직접 참여하기도 합니다. 그러나 최근에는 무분별하게 나무를 잘라 쓰다 보니 열대림 파괴가 심각해져서 개발을 통제하고 있는 상황이에요.

동남 및 남부 아시아에는 지하자원도 풍부합니다. 인도 북동부 오리사 주에는 철광석이 많이 매장되어 있어요. 인도네시아의 수마트라 섬과 보르네오 섬, 필리핀의 파나이 섬에서도 철광석이 나오고 있지요.

석탄은 베트남 혼가이 탄전과 인도 다모다르 강 주변의 탄전이 유명합니다. 통조림의 재료인 주석은 말레이시아와 인도네시아의 주요 수출품이지요. 알루미늄의 원료인 보크사이트는 인도네시아에 많이 매장되어 있어요.

석유와 천연가스는 인도네시아, 말레이시아, 브루나이 등에서 생산하고 있습니다. 우리나라도 이 지역의 해저 유전 개발에 참여하고 있지요. 인도 반도의 주요 지하자원은 데칸 고원 북동부 지역에 집중적으로 매장되어 있어요. 최근 전기 · 전자 산업의 발달에 따라 수요가 늘고 있는 운모도 많이 매장되어 있는데, 세계 생산량의 70~80%를 산출하고 있답니다.

새롭게 떠오르는 국제 생산 기지

1980년 이전, 동남아시아는 풍부한 자원을 바탕으로 주로 1차 생산 품을 수출하는 데 힘썼습니다. 그러다가 1980년대 후반부터 정부의 산업화 정책에 힘입어 미국, 일본, 우리나라, 대만 등 아시아 신흥 공업국(NIEs)들이 동남아시아에 진출해 공장을 세웠어요. 오늘날 이 지역은 섬유, 의류, 전기, 전자 조립 등 노동 집약적인 상품의 국제 생산 기지로 성장하고 있답니다.

동남아시아 국가 중 산업이 가장 발달한 나라는 싱가포르예요. 싱가포르는 인구는 적지만 지리적 이점을 살려 해운, 통신 부분과 석유 화학, 반도체, 전자 공업 등 자본 및 기술 집약적 첨단 산업에 활발히 투자하고 있지요.

타이와 말레이시아는 섬유, 전기 기기, 전자 조립 등 노동 집약적인 산업이 발달하고 있어요. 인도네시아와 필리핀은 자원 가공 및

싱가포르의 공업 단지
싱가포르는 석유 화학, 반도체, 전자 공업 등 자본 및 기술 집약적 첨단 산업에 활발히 투자하고 있다.

노동 집약적인 산업이 발달하고 있지요.

남부 아시아의 인도는 독립 이후 여러 차례의 경제 발전 정책을 통해 공업화를 추진하고 있습니다. 영국의 식민지 시대부터 발달한 면방직 공업이 일찍부터 자리 잡고 있고, 최근에는 중화학 공업과 첨단 산업이 급속도로 발달하고 있어요.

ASEAN, 동남아시아 국가들이 헤쳐 모이다

동남아시아 국가 연합(ASEAN)은 동남아시아 지역 내의 무역과 상호 협력을 통해 경제적 번영과 사회 발전을 꾀할 목적으로 결성한 국제기구입니다. 1967년 당시 인도네시아, 타이, 말레이시아, 싱가포르, 필리핀의 외무 장관들이 모여 만든 이래, 오늘날에는 동남아시아 10개국이 모두 가입해 큰 규모로 발전했어요.

동남아시아 국가 연합은 최근 역내 공산품에 대한 관세를 5% 이하로 줄이는 아세안 자유 무역 지대(AFTA) 설립을 추진 중이에요. 또한, 아시아 태평양 경제 협력체(APEC)에도 참여해 공동 발전을 도모하고 있지요.

그러나 대부분 국가들이 경제 구조가 취약하고 산업 구조가 비슷해 국가 간의 경제 협력을 추진하는 데 여러 가지 문제가 나타나고 있습니다. 경제 협력 측면에서 보면 상호 보완적이라기보다 경쟁 관계에 있기 때문에 실질적인 성과를 이루어 내지 못하고 있지요. 따라서 동남아시아 국가 연합 회원국들의 과제는 국가 간의 상호 보완적인 분업 체제를 만들어 경제 협력을 통해 경제력을 키워 나가는 거예요.

다양한 종교의 향연

동남아시아의 문화적 다양성을 가장 잘 보여 주는 것은 바로 종교입니다. 동남아시아에서는 국가별로 종교가 다르게 나타나요. 미얀마와 타이는 불교, 필리핀은 가톨릭교, 인도네시아는 이슬람교를 믿는 사람들이 많지요.

동남아시아 곳곳에서는 다양한 종교와 문화 경관이 나타납니다. 천혜의 자연환경과 어우러진 종교 건축물과 동남아시아 사람들의 삶의 모습은 다채로운 향연을 자아내요. 화려하면서도 순수하고, 신비로우면서도 정감 있는 동남아시아의 정취는 여행객을 불러 모으기에 충분히 매력적이랍니다.

인도네시아의 무슬림 소녀들
아라비아 반도에서 시작한 이슬람교는 바닷길을 타고 인도네시아까지 전파되었다.

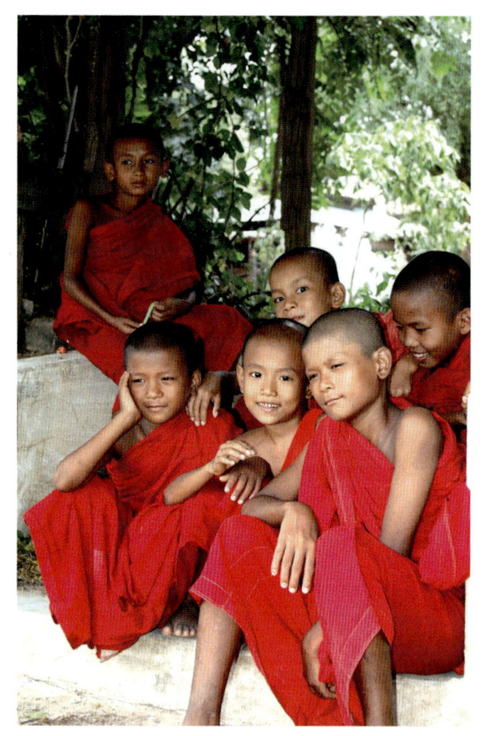

미얀마의 수도승들
인도차이나 반도의 나라들은 대부
분 대륙 종교인 불교를 수용했다.

그렇다면 동남아시아에서 이렇게 종교가 다양하게 나타나는 이유는 무엇일까요? 바로 지리적 위치 때문이에요. 동남아시아는 아시아와 오스트레일리아 대륙, 인도양과 태평양의 사이에 끼어 있어 양쪽을 오가는 길목입니다. 길목은 언제나 복잡하기 마련이지요.

이 지역에 가장 먼저 전파된 종교는 불교예요. 인도에서 시작된 불교는 부탄, 스리랑카 및 인도차이나 반도로 전파되었습니다. '인도차이나'라는 지역 이름은 인도와 중국의 영향을 동시에 받았기 때문에 붙여진 거예요.

말레이시아의 믈라카 해협은 바다의 실크로드로서 아라비아 상인들이 중요한 무역로로 이용했던 바닷길입니다. 아라비아 상인들의 영향으로 말레이시아와 인도네시아에는 이슬람교가 전파되었지요.

필리핀은 마젤란이 도달한 것을 계기로 16세기부터 19세기 말까지 스페인의 지배를 받게 됩니다. 필리핀(Philippines)이라는 국명은 당시 스페인 국왕이었던 필립 2세(Philip II)에서 따온 것이라고 해요. 이를 계기로 필리핀은 아시아에서 유일한 가톨릭 국가가 되었지요.

일 년에 세 번이나 벼농사를 할 수 있는 필리핀에서 식량 문제가 심각한 이유는 무엇일까요?

필리핀은 세계 최대의 쌀 수입국입니다. 지난 2008년 필리핀은 식량 파동을 겪었는데요. 쌀 수출국들이 자국 내 쌀 재고량 부족을 염려해 수출을 줄이거나 중단하면서 발생했어요. 필리핀은 군대가 쌀 창고를 지키는 일까지 벌어졌습니다. 게다가 정부가 나서서 주요 외식 업체들을 대상으로 1인분 쌀밥 제공량을 절반으로 줄일 것을 의무화하기도 했어요. 필리핀의 식량 문제가 얼마나 심각했는지 짐작이 가나요? 사실 필리핀은 1960년 국제 미작 연구소가 세워질 정도로 아시아의 농업 강국이었어요. 고온 다습한 기후는 벼농사에 최적 조건이어서 일 년에 벼농사를 세 번이나 지을 수 있지요. 그런데 필리핀 정부는 '부족한 식량은 수입하면 된다'는 안일한 생각을 했습니다. 그래서 1990년대부터 농업을 등한시하고 비옥한 농토에 공장, 골프장, 주택 단지 등을 만들기 시작했어요. 이렇게 해서 사라진 농경지가 국토의 절반이나 되었다고 합니다. 그 결과 필리핀은 세계 최대 쌀 수입국으로 전락했고 식량 위기를 겪고 있는 거예요.

필리핀의 벼농사 지대

2 인도와 차이나의 합작품 | 인도차이나 반도

인도차이나 반도는 아시아의 남동쪽에 있는 동남아시아의 반도입니다. 미얀마, 타이, 캄보디아, 베트남, 라오스 등이 인도차이나 반도에 있지요. 반도의 이름에서도 알 수 있듯이 인도차이나 반도는 지리적으로 인도와 중국 사이에 있어요. 위치뿐만 아니라 역사적으로도 인도 및 중국 문화권과 긴밀한 관계를 맺어 왔지요. 그래서 대부분 나라들이 불교와 힌두교를 믿는답니다. 인도차이나 반도는 태평양과 인도양의 접점에 놓여 있어 해양 교류의 중심지 역할을 톡톡히 해 왔어요. 그러나 한편으로는, 타이를 제외한 인도차이나 반도의 모든 나라가 서구 열강의 식민지가 되는 아픔을 겪기도 했지요.

- 미얀마는 다수의 버마 족과 소수의 샨 족, 까렌 족 등으로 구성되어 있다. 수도는 네피도이고, 공용어는 버마 어다.
- 타이는 인도차이나 반도와 말레이 반도 사이에 걸쳐 있고, 수도는 방콕이다. 타이 어를 공용어로 사용한다.
- 캄보디아는 입헌 군주국으로 수도는 프놈펜이다. 크메르 제국의 앙코르 와트와 앙코르 톰이 유명하다.
- 베트남은 말레이 반도에서 인구가 가장 많은 공산주의 국가다. 수도는 하노이고 최대 도시는 호찌민 시다.

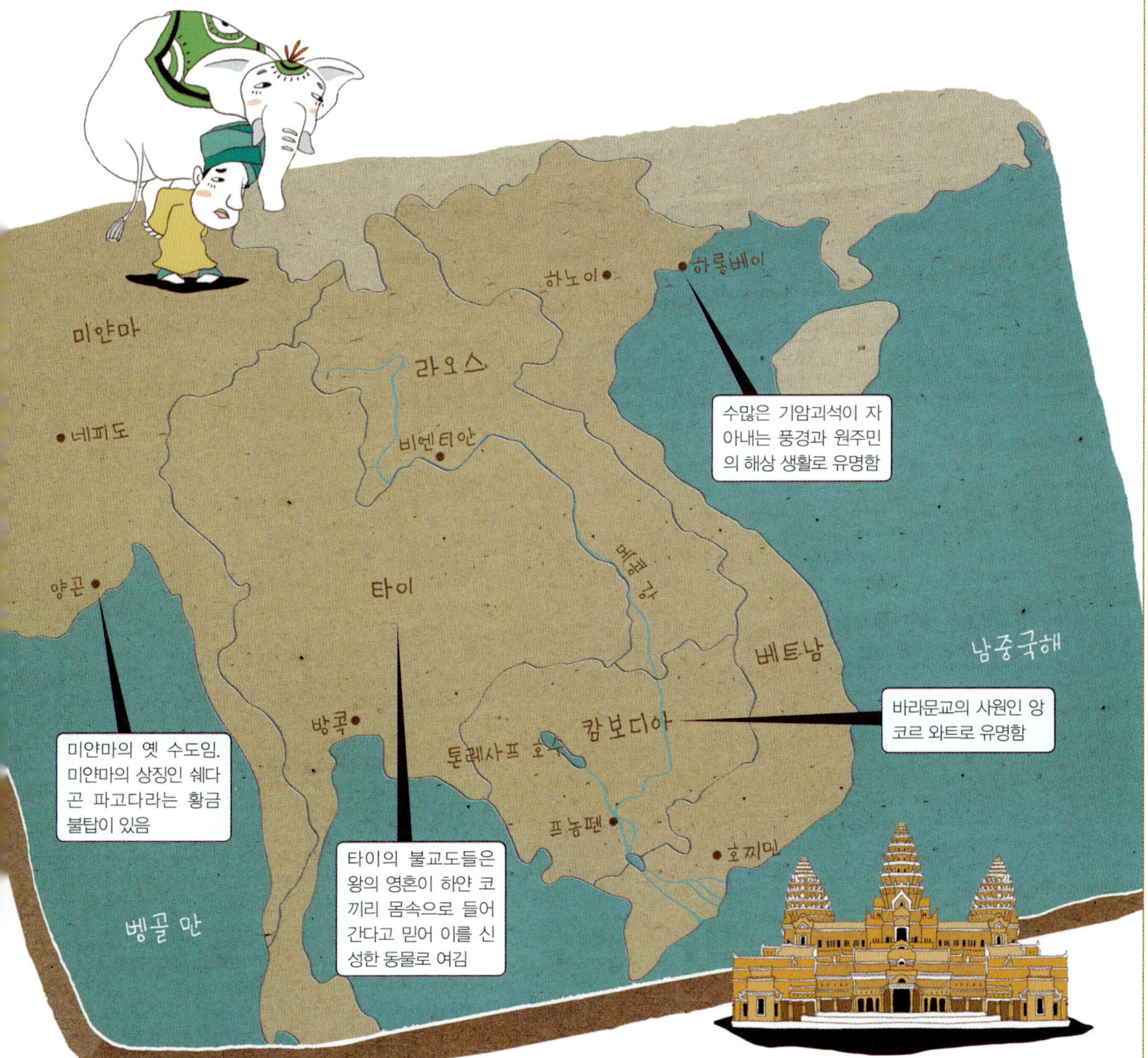

황금 불탑의 나라, 미얀마

인도차이나 반도의 서쪽이면서 인도 바로 옆에 미얀마라는 나라가 있어요. 미얀마 사람들은 인도인보다는 중국인에 더 가깝지요. 미얀마는 16세기에 통일된 나라를 세웠으나 19세기에 영국의 지배를 받았어요.

1948년에 독립해 나라 이름을 버마 연방이라고 했지만 1989년에 미얀마 연방으로 바꾸었고, 2010년 11월에는 미얀마 연방 공화국으로 다시 바꾸었어요.

미얀마의 옛 수도 양곤에는 세계에서 가장 크고 훌륭한 불탑으로 알려진 쉐다곤 파고다가 있어요. 이 파고다는 1453년에 지어져 미얀마의 상징이자 세계 불교도들의 순례지가 되었지요. 파고다 내부에는 부처의 유품과 머리카락이 들어 있다고 합니다. 외벽은 원래 황

금색이 아니었는데 일반인들이 금판을 기부해 외벽을 장식하면서 화려해졌어요. 불탑 꼭대기는 73캐럿의 다이아몬드를 비롯해 루비, 사파이어, 에메랄드 등 수많은 보석으로 치장되어 있습니다. 쉐다곤 파고다 주변에는 성상을 모셔 놓은 작은 건물들이 곳곳에 자리 잡고 있어요.

미얀마에서는 회색 코끼리가 자동차, 트럭, 견인차 역할을 합니다. 실제로 회색 코끼리 한 마리의 가격은 자동차 한 대의 가격과 비슷해요. 코끼리는 사람을 태우거나 짐을 운반하기도 하고, 때로는 통나무를 들어 올리거나 쟁기질을 하기도 합니다. 코끼리는 규칙적인 생활을 하는 동물이라 일을 언제 시작하고 끝내야 할지 잘 알지요.

쉐다곤 파고다
황금빛의 찬란함을 자랑하는 쉐다곤 파고다는 미얀마의 상징이자 세계 불교도의 성지다.

나무를 운반하는 코끼리
미얀마에서 코끼리는 사람을 태우거나 짐을 운반하고 쟁기질을 하기도 한다.

일반적으로 나무는 물에 뜨지만 미얀마에는 너무 무거워서 물에 뜨지 않는 나무가 있어요. '티크'라는 이름의 이 나무는 가구를 만드는 데 매우 유용합니다. 보통 나무보다 흰개미에 대한 저항력이 강해 쉽게 상하지 않기 때문이지요. 베어 낸 티크를 들어 올리고 운반하는 일에도 코끼리가 동원된답니다.

하얀 코끼리의 천국, 타이

미안먀 바로 옆에 있는 타이는 독자적인 국왕을 가진 입헌 군주국입니다. 타이는 동남아시아의 말레이 반도와 인도차이나 반도 사이에 걸쳐 있어요. 북서쪽으로 미얀마, 북동쪽으로 라오스, 동쪽으로 캄보디아, 남쪽으로 말레이시아와 국경을 접하고 있지요. 이러한 지리적 영향 때문에 유럽의 식민지 쟁탈전이 활발했던 무렵, 타이 주변 국은 모두 열강의 손에 넘어갔지만 타이는 유일하게 유럽의 식민 지배를 받지 않았습니다. 타이가 바로 왼쪽의 영국, 오른쪽의 프랑스 사이의 세력 균형점에 해당하는 지역이었으니까요.

타이의 수도인 방콕은 경제적으로 역동적인 도시면서 세계에서 가장 흥미진진한 도시이기도 합니다. 방콕은 문화 유적과 풍물 등 각종 관광 자원이 많은 곳이고, 동서양을 잇는 아시아의 관문이기도 해요. 방콕 사람들은 동양의 베네치아라고 불렸던 방콕이 싱가포르나 홍콩과 맞먹을 지역 중심지로 성장하고 있다고 자랑합니다. 하지만 고속 성장의 부작용으로 중대한 기반 시설 문제나 사회 문제를 겪고 있기도 하지요.

세계 기상 기구(WMO)는 방콕을 세계에서 가장 더운 도시로 꼽고 있습니다. 일 년 중 가장 더운 4월의 평균 기온은 30도, 가장 추운 1월의 평균 기온은 25.6도로 연교차가 불과 4.4도밖에 나지 않아요. 일 년 내내 고온이 계속되는 것이지요.

타이 남부의 푸껫 섬은 인도양에 있는데, 섬의 남쪽과 서쪽은 안다만 해에 접해 있습니다. 푸껫 섬은 방콕에서 약 860km 떨어진 깨끗하고 매력적인 곳이지요. 지금은 사라 센 다리로 연결되어서 육지나 다름없어요. '산(언덕)'이라는 의미를 지닌 푸껫 섬은 이름 그대로 섬의 대부분이 산과 해변으로 이루어졌고, 동남아 일대에

타이의 하얀 코끼리

제임스 본드 섬
푸껫에 있는 이 섬은 원래 타푸 섬 또는 네일 섬이라 불렸다. 그런데 제임스 본드 영화 '황금 총을 가진 사나이'의 배경으로 등장하면서 '제임스 본드 섬'으로 이름이 바뀌었다. 유명세를 타고 수많은 관광객이 몰려오고 있어 해변 입구 한편에는 기념품 가게들로 즐비하다. 사진 가운데 서 있는 섬은 발사 준비를 하는 로켓처럼 보여 '로켓 섬'이라 불린다.

서 가장 아름다운 국제 휴양지로 손꼽힙니다. 이곳은 낮은 수심과 잔잔한 파도, 아름다운 해변으로 유명해요. 그래서 '아시아의 진주'라고 불린답니다.

푸껫 섬은 제임스 본드 영화인 '황금 총을 가진 사나이'의 촬영 장소로 '제임스 본드 섬'으로도 알려져 있어요. 푸껫 섬 남쪽에는 여러 산호섬이 있는데, 남동쪽에 자리 잡은 피피 섬은 레오나르도 디 카프리오가 주연한 영화 '더 비치'로 유명해진 세계적인 휴양지입니다.

타이 국민 대다수는 불상이나 탑에 금박을 입히는 일을 사후 세상을 위해 공덕을 쌓는 일이라고 생각했어요. 이 때문에 방콕 곳곳에는 황금빛으로 반짝이는 불교 사찰인 와트가 있습니다. 방콕의 와트

방콕의 와트

타이의 수도 방콕에는 황금빛의 불
교 사찰인 와트가 여기저기 들어서
있다. 와트는 생김새가 다양하고 담
긴 이야기도 흥미롭다.

와트 프라케오

'에메랄드 부처 사원'이란 뜻을 지닌 와트 프라케오는
가장 영험하고 호화로운 불교 사원으로 왕궁과 함께
있다.

와트 포 와트 중 가장 크고 오래된 곳이다. 사원 건립 전에 이곳은 전통 의학의 중심지였다고 한다. 그래서인지 와트 포는 전통 타이 마사지의
탄생지로 유명하다.

중에서 가장 호화로운 곳은 궁궐과 함께 있는 와트 프라케오이고, 가장 크고 오래된 곳은 와트 포예요.

불교에서는 사람이 죽으면 영혼이 동물의 몸속으로 들어간다고 믿습니다. 특별히 왕의 영혼은 하얀 코끼리의 몸속으로 들어간다고 믿기 때문에 타이에서는 하얀 코끼리를 신성한 동물로 여겨요. 하얀 코끼리만을 위한 우리도 따로 있지요. 실제로 하얀 코끼리는 흰색보다는 회색에 가깝고, 건강한 편이 아니어서 늘 돌봐 주어야 해요. 어떻게 보면 쓸모도 없이 음식만 축내는 동물이지요. 그래서인지 아무짝에도 쓸모가 없는데 늘 돌봐 주어야 하는 대상을 '하얀 코끼리(white elephant)'라고 부른답니다.

사원의 나라, 캄보디아

'앙코르 와트'의 앙코르(Angkor)와 "그 노래 한 번 더해!"의 앙코르(encore)는 스펠링이 다릅니다. 의미는 완전히 다르지만 앙코르 와트의 앙코르는 오늘날 앙코르(encore)의 의미로 다가오고 있어요. 유명한 관광 명소로서 수백 년 전의 영광과 영화를 재현하기 위해 박차를 가하고 있기 때문이지요. 앙코르 와트는 번성과 몰락의 길을 걸어온 굴곡의 역사를 지니고 있어요.

앙코르 와트는 캄보디아의 서북부 앙코르에 있는 사원 이름이에요. 앙코르(Angkor)는 '도읍'을 의미하고 와트(Wat)는 '사원'을 의미하므로 앙코르 와트는 '도시의 사원'이라는 뜻이 됩니다. 앙코르 와트를 불교 사원으로 알고 있는 사람이 많은데 힌두교의 바탕이 된 바라문교의 사원이랍니다.

앙코르는 9~15세기 크메르 제국의 수도였어요. 크메르 제국은 동남아시아 역사상 가장 장대하고 왕성한 왕국을 다스려 나갔습니다. 앙코르 왕조는 9세기에서 15세기까지 600여 년간 인도차이나 반도를 다스렸으며 전성기에는 인구가 100만 명에 달했어요. 같은 시대 영국 런던의 인구가 6만 명이었던 것과 비교하면 앙코르 왕조가 얼마나 번성했는지 짐작할 수 있습니다.

앙코르는 통치의 중심지이기도 했지만 왕을 신처럼 떠받들게 만든 숭배의 장소이기도 했어요. 즉 통치의 수단으로 종교를 적절히 이용했던 것이지요.

따라서 앙코르는 종교와 정치적 의도에 맞게 계획되고 건설되었어요. 왕들이 자신들의 구미에 맞게 앙코르를 여러 번 재건해서 웅

앙코르의 미소
바욘 사원에 있는 관세음보살상의 얼굴은 부드러우면서도 위엄 있는 미소를 짓고 있다.

앙코르 와트

캄보디아의 대표적인 유적지로 앙코르 왕조의 전성기인 12세기 초에 세워졌다. 바깥벽은 동서로 1,500m, 남북으로 1,300m의 직사각형 모양이다. 다리를 건너 안쪽으로 들어가면 종교적 철학이 담긴 정교한 벽과 층층의 돔, 기이한 모양의 큰 탑 다섯 개가 전체적으로 신비로운 분위기를 자아낸다.

하늘에서 본 앙코르 와트

정면에서 바라본 앙코르 와트

'춤추는 여신'을 의미하는 압사라

압사라 춤은 앙코르 제국 시기부터 내려오는 전통 춤이다. 정열적이지는 않지만, 손목과 발목을 꺾는 유연한 동작으로 숨은 곡선미를 드러내 매혹적이다. 앙코르 와트에는 1,500여 개가 넘는 다양한 압사라 부조가 외벽을 장식하고 있다. 압사라는 '춤추는 여신'을 의미한다.

앙코르 와트 압사라 부조를 배경으로 춤추는 파키스탄 소녀들

타프롬 사원
자야바르만 7세가 어머니를 위해 만든 사원으로 지금은 거의 폐허 상태다. 커다란 나무뿌리가 사원을 뒤덮고 있어 신비로운 분위기를 연출한다.

장한 건축물이 수없이 생겨날 수밖에 없었지요.

앙코르는 현실 세계에 하나의 우주를 상징하기 위해 세워졌어요. 자연히 도시의 중심부에는 피라미드형 사원이 세워졌고, 이 사원을 중심으로 도시의 여러 기능이 배치되었지요. 우주론적 사고를 바탕으로 도시를 살펴보면, 피라미드가 세워진 도시의 중심부는 곧 우주의 중심이고, 그 중심부에 있는 왕은 신과 같은 절대 권력자가 되는 거예요.

앙코르 유적지의 사원들 중 가장 장대한 앙코르 와트는 왕을 신처럼 여기는 사상 속에서 탄생한 종교적 · 정치적 건축물입니다. 12세기 크메르 제국의 황제였던 수리아바르만 2세는 신과 자신이 영원히 같을 수 있도록 자신의 유해를 안치할 건축물을 세웠어요. 이것이 바로 30여 년에 걸쳐 완성된 앙코르 와트랍니다.

절대 권력자가 자신의 사후를 열심히 준비하다 보니 앙코르 와트는 자연히 세계에서 가장 크고 아름다운 종교 건축물이 되었어요. 힌두교 교리에 의하면 해가 지는 서쪽에 사후 세계가 있다고 합니다. 그래서 앙코르 와트는 서쪽을 향하고 있지요.

앙코르 톰에 있는 바욘 사원은 앙코르 와트에 이어 앙코르 유적지의 백미로 꼽힙니다. 이 사원에 있는 석상 얼굴은 앙코르를 상징하는 이미지로 사용될 만큼 많은 사랑을 받고 있어요.

캄보디아의 또 다른 명소는 톤레사프 호수입니다. 호수가 너무 커서 호수인지 바다인지 구분이 안 갈 정도지요. 너비는 36km이고 길이는 160km에 이르는 톤레사프 호수는 가히 육지 속의 바다라고 해도 과언이 아닐 거예요.

톤레사프 호수에는 수상 가옥과 선상 가옥이 흩어져 있습니다. 수상 가옥과 선상 가옥의 차이점은 움직일 수 있느냐 없느냐에 달려 있어요. 수상 가옥은 고정식이고, 선상 가옥은 말 그대로 배 위에서 생활하는 이동식이랍니다.

황토색 물결 위에 선상 가옥이 둥둥 떠가는 풍경은 마치 한 폭의 그림처럼 아름다워요. 보는 사람 입장에서는 이국적인 그림이지만 거대한 상수원이자 하수구인 호수 물을 마시고 내뱉으며 살아가는 사람들에게는 고난에 찬 터전일지도 모릅니다.

마지막으로 '킬링 필드'로 알려진 끔찍한 캄보디아의 역사를 돌아보지 않을 수 없어요. 비극은 폴 포트가 이끄는 급진적인 공산 무장 단체인 크메르 루주가 수도인 프놈펜을 점령하면서 시작되었습니다.

톤레사프 호수

캄보디아 중앙에 있는 호수로 수상 가옥과 선상 가옥이 곳곳에 흩어져 있다. 사진은 소녀와 어머니가 바나나를 팔기 위해 관광객을 태운 유람선을 따라가는 모습이다.

사회주의 개혁을 이루겠다던 이들은 오히려 폴 포트 정권에 반대하는 200만 명의 캄보디아 시민을 학살했어요. 아직도 캄보디아 곳곳에는 백골들이 탑 속에 빼곡히 들어차 있지요.

아기 공룡, 베트남

베트남에도 물 위에서 생활하는 사람들이 있어요. 베트남은 캄보디아 오른쪽에 붙어 있는 나라입니다. 이탈리아가 굽이 높은 부츠 모양이라면, 베트남은 목을 길게 빼고 하품하는 아기 공룡을 닮았어요.

아기 공룡의 머리 부분에 해당하는 곳에는 베트남의 수도인 하노이가 있고, 다리 쪽에는 베트남에서 제일 큰 도시인 호찌민 시가 있습니다. 베트남은 한때 둘로 갈라져 있었어요. 하노이와 호찌민 시는 1954년부터 1975년까지 각각 북베트남과 남베트남의 수도였지요. 그렇게 둘로 나뉘어 서로 싸우던 나라가 베트남으로 다시 합쳐졌어요. 싸움에서 이긴 북베트남의 하노이가 현재 수도로 계속 명맥을 유지하게 되었습니다.

베트남과 캄보디아에 걸쳐 있는 메콩 강 하류의 삼각주는 강어귀에서 상류로 300km 지점까지 펼쳐져 있어요. 이 삼각주는 과거에 바다였다고 합니다. 삼각주는 바다의 밀물과 썰물이 쓸어 가는 흙이나 모래보다 하천이 실어 오는 흙과 모래가 더 많을 때 형성돼요. 특히 바다의 밀물과 썰물의 차이가 작으면 흙과 모래가 덜 쓸려 나가 더 많은 퇴적층을 만들게 되지요. 메콩 강의 삼각주는 해마다 넓어지고 있는데, 그 넓이가 남한의 절반 정도나 됩니다. 이 삼각주 한가운데에서 벗어나려면 자동차로 서너 시간은 달려야 해요.

이곳에서 생산되는 쌀만 해도 우리나라 쌀 생산량의 절반가량이나 됩니다. 메콩 강 하류에 있는 호찌민(옛 사이공)에서 쌀을 세계 각지로 수출하고 있어요. 하노이도 송코이 강 하구에 형성된 삼각주 위에 세워진 도시랍니다.

하롱베이의 수상 가옥
하롱베이에는 물 위에 집을 짓고 사는 사람들이 있다. 이들은 과일, 식료품, 잡화 등을 팔며 생계를 유지해 간다.

하롱베이
'용이 바다로 내려온 만(bay)'이라는 뜻으로 3,000여 개의 섬과 기암괴석이 하늘과 바다와 한데 어우러져 있다.
세계 자연유산으로 지정될 만큼 아름다운 자태를 뽐낸다.

티엔쿵 동굴
형형색색의 석회석과 마주하면 전혀 다른 세상에 온 듯한 착각이 든다.

하노이는
오토바이 천국

베트남 하노이는 동남아시아에서 오토바이가 가장 많은 곳이다. 자동차보다 오토바이를 주요 교통수단으로 이용하기 때문이다. 하노이에서 오토바이 운전은 남녀노소가 따로 없다.

하노이의 오토바이 물결 하노이에서 오토바이는 주요 교통수단이다.

소녀 오토바이 족 소녀 오토바이 족 상당수가 관광객에게 기념품을 팔아 생활을 영위한다.

호찌민 광장
(바딘 광장)

하노이에 있는 이 광장은 베트남을 독립시킨 호찌민을 기리기 위해 그의 이름을 따서 호찌민 광장이라 부른다. 호찌민이 1945년 9월 2일, 광장의 국기 게양대에서 독립 선언서를 낭독한 것으로 유명하다.

하노이 문묘(공자 사당) 호찌민 영묘 근처에는 공자를 모신 문묘가 있다. 1070년 리 왕조 때 공자를 모시기 위해 지은 사당이다. 베트남에 미친 중국 유교 문화의 영향력을 엿볼 수 있다.

호찌민 영묘 베트남의 영웅 호찌민이 잠들어 있는 곳이다.

베트남에는 하롱베이라는 유명한 곳이 있어요. 그런데 하롱베이는 무슨 뜻일까요? '하롱'은 용이 내려와 앉았다는 전설에서 유래되었고, '베이(Bay)'는 말 그대로 '만'을 뜻해요. 따라서 하롱베이는 바다가 육지 속으로 파고 들어와 형성된 '하롱 만'을 의미합니다.

지질학적으로 보면 하롱베이 일대는 석회암이 풍화 작용으로 깎여서 형성된 카르스트 지형에 속해요. 전해 오는 말에 의하면 중국이 베트남을 침공했을 때, 신들이 용의 가족을 보내 도와주었다고 합니다. 용의 가족은 입에서 보석들을 토해 냈는데, 이 보석들이 섬들로 변했어요. 섬들은 서로 이어져 거대한 방어벽을 형성했고, 결국 적들은 물러날 수밖에 없었다고 전해집니다. 그 이후 용들은 자신들이 만든 풍경에 스스로 매료되어 하롱베이에 살기로 했다고 해요.

하롱베이에는 3,000여 개의 섬과 기암괴석이 있습니다. 이 많은 섬이 바다와 하늘과 어우러져 그려 내는 풍경을 한번 상상해 보세요. 마치 3,000여 마리의 용이 하늘에서 내려와 바다에 웅크리고 있는 듯한 경치는 자연이 빚어낸 최고의 절경이라고 할 수 있습니다. 나무배를 타고 가까이 가서 보면 뽀뽀 바위, 개 바위, 귀부인 바위, 물개 바위, 엄지손가락 바위 등 각양각색의 바위들이 솟아 있어요. 하롱베이는 1994년에 유네스코 세계 자연유산으로 지정되었습니다. 일 년에 100만 명 이상의 관광객이 수천 개의 기암괴석과 섬, 그리고 해상에서 생활하는 원주민을 보기 위해 몰려들고 있어요.

베트남 쌀국수는 언제 세계로
전파되었을까요?

베트남의 대표 음식인 쌀국수 '퍼(Pho)'는 담백한 맛은 물론이고 쌀로 만든 국수라는 점 때문에 우리나라 사람들이 즐겨 먹는 음식이 되었습니다. 하지만 전 세계 사람들이 맛있게 먹는 쌀국수에 베트남의 슬픈 역사가 숨어 있다는 사실을 아는 사람은 별로 많지 않아요. 쌀국수는 원래 하노이를 중심으로 한 베트남 북부 지역에서 간편한 아침 식사나 출출할 때 주로 먹는 음식이었다고 합니다. 그런데 1945년 베트남 북부 지역에 공산 정권이 수립되면서 모든 식당이 국영화되었어요. 그러자 많은 사람이 남부로 이주해 사이공(지금의 호찌민)에서 다시 쌀국수 음식점을 열었습니다. 하지만 전쟁으로 베트남이 공산화되자 이들 대부분은 해외로 탈출했고, 낯선 곳에서 생계를 이어가기 위해 쌀국수를 만들어 팔았어요. 이렇게 시작된 것이 짧은 기간에 전 세계인의 입맛을 사로잡은 것입니다.

3 적도 위 복잡 다양한 섬들 |
말레이 제도

말레이 제도는 인도차이나 반도와 오스트레일리아 사이, 적도를 가운데 두고 남북으로 펼쳐진 섬들을 말합니다. 이곳에 말레이시아, 인도네시아, 필리핀, 브루나이, 동티모르 등이 있지요. 이 지역은 알프스-히말라야 조산 운동대와 환태평양 조산대가 합쳐지는 지역이라 지반이 불안정하고 화산 활동도 활발합니다. 또 열대 계절풍 지역이어서 날씨 변화가 많고 복잡하지요. 말레이 제도 역시 인도차이나 반도와 마찬가지로 동서 문화의 교류지에 해당돼요. 그래서 민족과 문화가 다양하고 열대 지역 중 인구가 가장 밀집해 있답니다. 식민지 시대에는 이 지역을 '동인도 제도'라고 부르기도 했어요. 당시 이미 알고 있었던 인도를 기준으로 동쪽에 있는 섬들을 막연히 불렀던 것이지요. 하지만 이제는 풍요롭고 아름다운 지상 낙원으로 어느 지역보다도 유명한 곳이 되었어요.

- 말레이시아는 연방제 입헌 군주국이고, 수도는 쿠알라룸푸르이다.

- 싱가포르는 말레이 반도 끝에 있는 섬나라이자 도시 국가다. 말레이시아 연방에 속해 있다가 1965년 독립했다.

- 인도네시아는 1만 8,000여 개의 섬으로 이루어졌고, 수도는 자카르타다. 인구는 약 2억 4,000만 명으로 세계에서 네 번째로 많고, 무슬림이 전체 인구의 약 88%에 이른다.

- 필리핀의 수도는 마닐라이고 공용어는 필리핀 어와 영어다. 환태평양 조산대에 속한 화산섬으로 이루어져 있다.

동서양의 관문, 말레이 반도

타이에서 남쪽으로 내려가면 코끼리 코처럼 세로로 길게 뻗은 말레이 반도가 있습니다. 말레이 반도 남단과 보르네오 섬 일부에 걸쳐져 있는 말레이시아에는 말레이 민족, 중국 화교, 인도계, 유럽계 등 여러 민족이 함께 살고 있어요. 이처럼 여러 민족이 한곳에 모여서 그런지 말레이시아의 수도인 쿠알라룸푸르는 말레이 어로 '흙탕물의 합류'를 의미합니다. 말레이시아는 말레이 반도의 동말레이시아와 보르네오 섬의 서말레이시아로 나누어져 있어요. 말레이시아의 천연고무와 주석 생산량은 세계에서 제일 많지요.

말레이 반도 끝에서 약 1km 정도 떨어진 곳에 싱가포르가 있어요. 싱가포르는 원래 독뱀과 호랑이가 우글거리는 정글이었답니다. 왕이 아무리 노력해도 환경은 나아지지 않았어요. 결국 왕은 영국의 식민지 행정가 토머스 래플스에게 거의 헐값으로 나라를 팔아넘겼

싱가포르
예로부터 해상 교역의 주요 거점이었던 곳이다. 현재도 세계적인 무역항으로 손꼽히고 있다.

마리나베이샌즈 호텔
우리나라의 쌍용건설에서 지은
관광 복합 단지다. 최근 싱가포르
의 랜드마크가 되고 있다.

지요. 그 후 영국이 싱가포르 개발에 착수했어요.

영국은 왜 싱가포르를 가지려고 했을까요? 그 이유는 싱가포르가
동양과 서양을 연결하는 또 하나의 관문이었기 때문이에요. 작은 섬
들 사이로 나 있는 좁은 물길은 배가 드나들기에 알맞은 유일한 통
로였지요.

지브롤터, 수에즈, 아덴을 손에 넣은 영국이 이 길을 탐낸 것은 당
연한 일이었습니다. 싱가포르는 영국 식민지에서 벗어나 1963년 말
레이시아에 속했다가 1965년에 독립했어요. 현재 싱가포르는 세계
에서 가장 중요한 무역항으로 손꼽힙니다. 덕분에 '마리나베이샌즈
호텔'은 세계 각지에서 온 사람들로 붐비지요.

수천 개의 섬으로 이루어진 나라, 필리핀

태평양 제도 중에서 가장 큰 곳은 필리핀 제도입니다. 필리핀 제도는 중국에 근접해 있어서 원주민도 중국인에 가까워요. 7,000여 개의 섬으로 이루어진 필리핀의 수도 마닐라는 세계에서 가장 아름다운 항만 중 하나로 손꼽히고 있지요.

보라카이 섬은 오스트레일리아의 골드 코스트, 미국 마이애미 주의 팜비치와 함께 세계 3대 해변으로 알려졌습니다. 산호 가루로 형성된 7km의 화이트 비치를 자랑하지요. 필리핀은 환태평양 조산대에 속합니다. 필리핀의 타가이타이 산은 아직도 연기를 뿜고 있어요. 이런 화산을 활화산이라고 합니다. 타가이타이 산은 활화산이지만 활동이 미약해 그렇게 위험하지는 않아요.

필리핀은 아시아에서 유일한 가톨릭 국가입니다. 스페인이 300년간 필리핀을 통치하면서 로마 가톨릭이 전해졌어요. 세월이 흐르면서 필리핀 사람들의 삶 속에 가톨릭이 자연스럽게 녹아든 것이지요.

하지만 남쪽 민다나오 섬에서는 이슬람 무장 세력이
극성이어서 가톨릭 세력과 충돌하기도 해요.

최근 필리핀 가사 도우미의 인기가 높아지고 있습
니다. 홍콩, 싱가포르뿐 아니라 우리나라에서도 필리
핀 가사 도우미를 선호하고 있어요. 왜 그럴까요? 우
선 다른 나라보다 인건비가 저렴하고, 일류대 출신의
20대 여성이 많아지고 있기 때문입니다. 무엇보다 영어를 잘 구사해
자녀들의 영어 교육에도 도움이 될 거라는 기대로 필리핀 가사 도우
미를 채용하고 있다고 해요.

코피 루왁
사향고양이가 배설한 커피콩으로
만들어서 특유의 풍미가 깃들어
있다.

적도의 에메랄드 목걸이, 인도네시아

말레이 반도 옆에는 '향신료 제도'라고도 불리는 몰루카 제도와 인
도네시아가 있습니다. 인도네시아는 16세기 이전까지 나라 이름이
정해지지 않았어요. 섬이 너무 많아 섬마다 수많은 왕국이 거쳐 갔

필리핀의 수도 마닐라
세계에서 가장 아름다운 항구 도
시 중 하나로 손꼽히고 있다.

기 때문이지요. 인도네시아는 보르네오, 술라웨시, 수마트라, 자바, 발리 등 무려 1만 7,508개에 달하는 크고 작은 섬으로 구성되어 세계에서 가장 섬이 많은 나라예요. 인구가 2억 4,000만 명이 넘는 세계 최대의 이슬람 국가이기도 하지요.

인도네시아는 세상에서 가장 큰 에메랄드 목걸이예요. 수많은 섬이 징검다리처럼 이어져 있어 일찍이 네덜란드 사람들은 인도네시아를 '적도에 걸린 에메랄드 목걸이'라고 불렀습니다. 그러다 1850년, 영국 인류학자인 J. R. 로건이 '인도의 여러 섬들'이라는 뜻을 지닌 '인도네시아'라는 단어를 처음으로 사용한 데서 나라 이름이 유래되었다고 해요.

인도네시아의 중심이 되는 섬은 자바 섬이고 수도는 자카르타입니다. 가장 오래된 인류 중 하나인 '자바 원인'이 자바 섬에서 발견

보라카이 화이트 비치
산호 가루로 형성된 7km의 긴 화이트 비치를 자랑하는 보라카이 섬은 오스트레일리아의 골드 코스트, 미국 마이애미 주의 팜비치와 함께 세계 3대 해변으로 꼽힌다.

되었어요. 즉 자바 섬은 인류가 가장 오랫동안 살아온 땅이 되는 셈이지요.

인도네시아는 아시아 최대의 커피 생산국입니다. 습식 가공으로 질 좋은 로부스타(Robusta) 종을 경작하고, 세계에서 가장 값비싼 커피인 코피 루왁(Kopi Luwak)으로 유명해요. 재미있는 사실은 코피 루왁은 사향고양이가 커피 열매를 먹고 배설한 커피콩으로 만든다는 점입니다. 사향고양이는 커피 열매의 과육만 소화하고 커피콩은 그대로 배설해요. 그런데 이 과정에서 각종 효소가 작용해 루왁 커피 특유의 풍미가 깃든다고 합니다.

인도네시아에는 섬이 많아서 생긴 독특한 문화적 특징도 있어요. 예를 들어, 선거를 치르면 약 20일은 지나야 선거 결과를 알 수 있습니다. 투표함을 거둬들이려면 수천 개나 되는 섬을 한꺼번에 돌아다녀야 하기 때문이지요. 또 인도네시아에는 다양한 인종이 살고 있어서 지방마다 사용하는 언어만 약 740여 종류가 된다고 해요.

세상에서 가장 부유한 나라, 브루나이

보르네오 섬 북서 해안에 있는 브루나이는 경기도의 반만 한 땅에 인구가 40만 명 정도밖에 안 되는 작은 나라예요. 또 국토의 85%가 숲과 삼림 지대여서 경작할 수 있는 땅은 겨우 2% 정도에 불과합니다. 얼핏 보면 브루나이는 무척 가난한 나라일 것 같지요? 그러나 실제로는 풍부한 석유 자원과 천연가스 덕분에 세계에서 가장 부유한 나라 중 하나랍니다.

그렇다면 브루나이는 얼마나 잘사는 나라일까요? 세계적인 부자

로 손꼽히는 브루나이 국왕이 타고 다니는 전용 비행기에는 대리석과 금으로 만든 욕실까지 딸려 있다고 합니다. 일반 국민의 생활도 호화로워요. 대다수 국민은 정원이 있는 넓은 주택에서 살고 있고, 집집마다 평균 두세 대의 자동차를 가지고 있지요.

그런데 이상하게도 국가에 세금을 내는 국민은 단 한 명도 없습니다. 브루나이에서는 병원비도 공짜이고 교육비도 공짜예요. 나라에 기여한 것이 없어도 60세가 되면 자동으로 연금이 지급됩니다. 물론 이러한 복지 혜택은 지하에 묻혀 있는 석유와 천연가스 덕분이지요. 브루나이 국민이 마냥 부럽다고요? 하지만 더 이상 부러워하지 않아도 돼요. 브루나이의 석유와 천연가스도 20~30년 후면 고갈될 것이라고 예측하고 있기 때문이지요. 인재와 산업은 얼마든지 육성할 수 있지만 자원은 언젠가는 고갈되니까요.

동남아시아에서 화교의 영향력은 얼마나 될까요?

화교는 해외로 이주한 중국인을 말합니다. 이들은 19세기 후반 동남아 지역의 주석 광산, 플랜테이션 농장, 항구에 노동자로 들어와 정착했어요. 화교는 특히 인도네시아, 말레이시아, 싱가포르 등지에 많이 살고 있습니다. 이곳에서 상업적으로 성공을 거두었지요. 동남아 지역에서 화교의 영향력은 일개 중국집 주방장 수준이 아니라 가히 절대적이라 할 수 있어요. '동양의 유대인'이라고 불리는 이들은 동남아 전체 인구의 6%에 불과하지만 자산 총액은 90%에 이릅니다. 소매업의 2/3가량이 화교들에 의해 좌지우지되고 있어요. 이들은 막대한 자본과 네트워크를 바탕으로 중국 본토에 대한 투자를 아끼지 않고 있습니다. 이뿐만 아니라 중국 기업들의 해외 진출을 돕는 역할도 하고 있지요. 하지만 화교들이 동남아 지역의 경제권을 장악하면서 지역 원주민들과의 갈등이 매우 심해지고 있어요.

타이의 화교 출신 정치인인 탁신 친나왓(오른쪽)과 그의 여동생인 잉락 친나왓

4 인도양의 뿔 | 인도

지도에서 인도양 방향으로 뿔처럼 튀어나온 육지를 인도 대륙이라고 합니다. 콜럼버스가 배를 몰고 대서양을 건너가고자 했던 땅이 바로 인도지요. 세상에 인도만큼 신비롭고 흥미로운 나라도 없을 거예요. 인도는 불교와 힌두교의 발상지입니다. 또한, 불교의 창시자인 석가모니의 고향이고, 시성(詩聖)이라 불리는 타고르가 태어난 곳이기도 하지요. 북쪽에는 세계의 지붕이라 불리는 히말라야 산맥이 동서로 뻗어 있고, 그곳에서 발원한 갠지스 강과 인더스 강은 뛰어난 자연 경관을 만들어 낼 뿐 아니라 일찍이 고대 도시 문명을 탄생시키기도 했어요. 인도 대륙에는 인도만 있는 것이 아닙니다. 인도 북쪽에는 네팔과 부탄, 북서쪽에는 파키스탄, 동쪽에는 방글라데시가 있는데, 이 나라들은 역사적으로 긴밀한 관계를 맺어 왔어요. 인도 남부 인도양에 있는 스리랑카는 땅 모양이 눈물방울을 닮아 '인도의 눈물'로 불린답니다.

- 인도는 과거에 영국의 식민 지배를 받았다. 영국은 후추 등 인도의 생산물과 노동력, 시장을 착취하기 위해 동인도 회사를 설립했다.
- 힌두교의 성지 바라나시에서는 힌두교도가 자신의 죄를 씻기 위해 갠지스 강에서 목욕재계를 한다.
- 인도의 북쪽 히말라야 산맥에 세계에서 가장 높은 산인 에베레스트 산이 있는데, 해마다 조금씩 높아지고 있다.
- 인도 인구는 약 12억 명으로 세계 2위다. 현재 인구 증가율대로 진행된다면 인도는 2040년에 세계 최대의 인구 대국이 될 것이다.

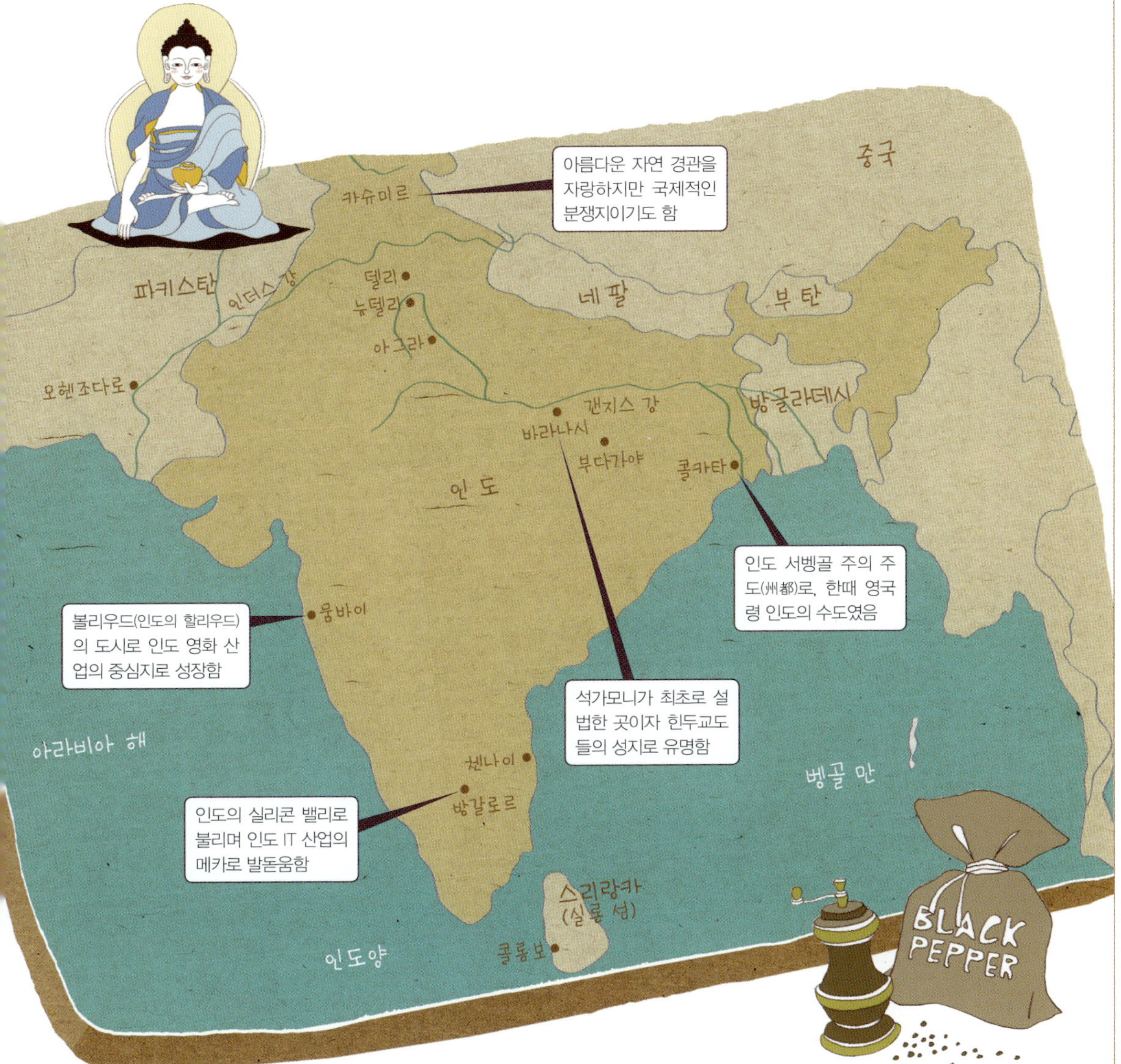

후추를 구하라

과거에 인도는 영국의 지배를 받았습니다. 영국은 무슨 이유로 멀리 떨어진 인도를 지배했던 것일까요? 그 이유 중 하나는 '후추'에 있습니다. 현대인이야 후추가 없어도 살 수 있지만, 과거에는 그렇지 않았어요. 후추는 고기 누린내를 없애 주고 풍미를 돋우는 데 사용되었습니다. 고기를 저장하는 데도 사용되었고요. 고기가 주식인 유럽 사람들에게는 후추만 한 필수품도 없었습니다. 그래서 후추를 구하기 위해 멀리 있는 인도까지 진출했던 것이지요.

네덜란드는 인도에 네덜란드 동인도 회사를 차리고 아프리카 대륙을 빙 돌아 인도로 가서 후추를 가져와 각 나라에 팔았어요. 네덜란드 동인도 회사에서 후추를 사야 했던 영국은 후추가 터무니없이 비싸다고 여겼고, 결국 인도에 영국 동인도 회사를 차렸지요.

이 때문에 영국은 인도와 커다란 마찰을 빚었고 100명 이상의 영국인이 인질로 붙들려 작은 방 안에 갇혔어요. 공기가 드나들 수 있는 곳이라고는 조그만 구멍 하나가 전부인 방이었지요. 다음 날 아침 문을 열었을 때 100명이 넘는 포로 중 23명만이 목숨을 유지하고 있었어요. 나머지는 산소 부족으로 이미 숨이 끊어져 있었지요.

이 사건은 콜카타(옛 이름은 캘커타)에서 일어났습니다. 그래서 이 방에는 옛 지명을 따서 '캘커타의 블랙홀'이라는 이름이 붙었어요. 이 사건으로 영국인들은 크게 분노했습니다. 결국 전쟁 끝에 영국이 인도를 점령하고 말았어요.

건조한 후추 열매
17세기 유럽 사람들은 후추를 구하기 위해 머나먼 인도까지 진출했다.

소에게도 카스트가 있다?

인도인 대부분은 힌두교를 믿고 있어요. 힌두교에서는 모든 사람이 태어날 때부터 각기 다른 계급(카스트)을 갖고 태어난다고 믿습니다. 북방에서 이주해 온 아리아 인이 만든 카스트 제도는 1947년 법적으로 철폐되었지만 아직도 인도인의 생활에 영향을 미치고 있어요. 카스트 제도에서는 신분을 4계급으로 나눕니다.

가장 높은 계급인 브라만은 승려 계급으로 신에게 제사드리는 일을 합니다. 두 번째 계급인 크샤트리아는 나라를 다스리는 귀족이고, 세 번째 계급인 바이샤는 농민과 상인이에요. 가장 천한 계급인 수드라는 피정복민으로 노예를 가리키지요.

인도인들은 각 계급이 서로 엄격히 분리되어야 한다고 믿습니다.

브라만의 결혼식
브라만은 브라만하고만 결혼한다. 카스트 제도에 따르면 계급이 다른 남녀는 결혼할 수 없다.

계급이 다른 아이들은 함께 어울려 놀아서는 안 되고, 계급이 다른 남녀가 결혼해서도 안 되지요. 자식은 부모의 전통을 따라야 하므로 재단사의 아들은 재단사가 되어야 하고 목수의 아들은 목수가 되어야 해요.

힌두교도는 죽은 후에 영혼이 동물이나 또 다른 사람의 몸을 빌려 세상에 다시 돌아온다고 믿습니다. 그래서 이들은 삶에 도움이 되는 선한 동물을 함부로 대하지 않아요. 힌두교도는 선하게 살아야 다음 생에 부유한 사람이나 좋은 동물로 태어날 수 있다고 믿습니다. 반대로 악하게 살면 가난한 사람이나 나쁜 동물로 다시 태어난다고 믿지요.

인도에서는 소를 신성하게 여깁니다. 세상에 인도만 한 '소들의 천국'도 없을 거예요. 인도인들은 소가 힌두교의 주요 신인 비슈누의 화신 중 하나라고 믿고 있습니다. 그렇다고 모든 소가 다 신성시되는 것은 아니에요. 소에도 카스트가 있어 흰색 암소만 신성하게 여겨집니다. 이 소들은 길거리를 자유롭게 돌아다니지요.

인도의 소들
인도는 '소들의 천국'이라 불릴 만큼 소를 신성하게 여긴다.

반면 고삐에 매여 밭에서 일하는 소들도 있어요. 최근에는 쇠고기를 먹자고 주장하는 사람들까지 나오고 있지만 브라만들이 강력히 반대하고 있답니다.

죄를 씻어 내는 갠지스 강

인도 동부에서 시작되는 신성한 강인 갠지스 강은 여러 갈래로 흐릅니다. 콜카타는 갠지스 강 하구에 있는 도시 중 하나예요. 유럽에서는 17세기 이후 인도에서 각종 면직물을 수입했는데, 이것을 보통 캘리코라고 합니다. 캘리코라는 이름은 콜카타의 옛 이름인 캘커타에서 유래했어요.

갠지스 강을 따라 위로 올라가다 보면 힌두교의 성지인 바라나시가 나와요. 메카에는 오로지 무슬림만 갈 수 있지만, 바라나시에는 누구나 갈 수 있습니다. 바라나시 역시 갠지스 강 연안에 있는 도시지요. 『허클베리 핀의 모험』을 쓴 미국의 대문호 마크 트웨인은 바라나시를 일컬어, "역사보다 오래되고, 전통보다 오래되고, 전설보다 오래된 도시"라고 말했어요. 그만큼 바라나시는 과거의 흔적이 겹겹이 쌓여 있는 곳입니다. 사람이나 풍경 모든 것이 변하지 않고 정지한 듯한 곳이 바로 바라나시예요.

갠지스 강 언저리에는 돌계단으로 된 목욕 시설이 마련되어 있어서 인도 각지에서 온 힌두교도들은 이곳에서 목욕합니다. 이들이 목욕하는 이유는 더러운 것을 씻어 내기 위해서가 아니라 죄를 씻어 내기 위해서예요. 사람들은 허리까지 차오르는 갠지스 강에 몸을 담그고 성수를 머리에 뿌립니다. 특히 죽음에 임박한 사람들이 이곳을

힌두교의 성지, 바라나시
매년 100만 명의 힌두교 순례자들이 바라나시를 찾아온다. 특히 갠지스 강은 순례자들이 꼭 들러야 하는 곳이다. 갠지스 강에서 목욕하면 모든 죄가
깨끗이 씻겨 내려간다고 믿기 때문이다. 갠지스 강변에는 4km에 걸쳐 '가트'라는 돌계단이 있다. 힌두교도는 이곳에서 목욕재계한다.

SHIV GANGA SILK FACTORY
MANUFACTURES ALL KINDS OF SUIT & BANARASI SILK SAREES
ALYABAI GHAT

많이 찾아요. 독실한 힌두교도들은 죽음을 두려워하지 않습니다. 지독하게 가난하고 불행하게 살았다 할지라도 그들은 죽음을 반갑게 맞아들여요. 성수로 죄를 깨끗이 씻으면 다음 생에는 더 행복한 사람으로 태어날 거라고 믿기 때문이지요.

힌두교도는 시체를 매장하지 않고 화장합니다. 바라나시에서는 사람이 죽으면 갠지스 강 언저리의 돌계단 위에서 화장이 치러져요. 화장에 쓰이는 장작을 파는 사업이 있을 정도로 아주 많은 시체가 이곳에서 화장되었답니다. 힌두교도는 화장한 재를 갠지스 강에 뿌리면 영원한 행복을 얻는다고 믿어요.

한편 불교는 힌두교에 점점 융합되어 인도인 중 불교를 믿는 사람은 1%도 되지 않지요.

부처의 유적지

불교의 창시자인 부처는 룸비니에서 태어났다. 왕족 출신으로 부유하게 살던 그는 인생의 고통의 문제와 직면하고 출가를 결심한다. 보리수 밑에서 해탈(깨달음)을 얻고 그 기쁨을 다섯 명의 제자에게 설파했다.

출성(위) 석가모니는 룸비니에서 태어났다. 인간의 생애가 고통으로 이루어진 것을 깨달은 석가모니는 왕위와 가족을 버리고 출가했다.

설법 석가모니는 깨달음을 얻은 후 사르나트에서 처음으로 설법을 펼쳤다.

◀ 출성

◀ 설법

성도 성도한 부다가야−마하
보디 사원의 보리수 밑에서
석가모니는 깨달음을 얻었다.

열반 석가모니는 80세가 되
던 즈음에 병이 나서 쿠시나
가라에 있는 보리수 아래에서
열반에 들었다.

◀ 성도

◀ 열반

세상에서 가장 아름다운 묘, 타지마할

인도는 힌두교, 불교, 자이나교, 시크교의 발상지입니다. 또한, 기원 후 1,000년 동안 이슬람교, 조로아스터교, 기독교 등이 인도에 영향을 미쳐 현재 인도에는 다양한 종교 문화가 공존하고 있어요.

특히 인도 아그라에 있는 타지마할은 힌두 문화와 이슬람 문화가 어우러진 아름다운 건축물로 평가받고 있습니다. 둥근 돔과 첨탑은 이슬람의 모스크 양식이고, 격자 세공과 연꽃 장식은 힌두 양식이에요. 타지마할은 무굴 제국의 황제 샤 자한이 총애했던 부인 뭄타즈 마할을 기리기 위해 건설했습니다. 뭄타즈 마할이 죽은 지 6개월 후

아그라 야무나 강에서 바라본 타지마할
인도의 아그라 야무나 강에 타지마할이 세워졌는데, 강이 완전히 마르면서 지난 30년 동안 3.5cm가 기울었다고 한다.

부터 2만 명이 넘는 노동자를 동원해 건설했는데, 완공하기까지 22년이나 걸렸다고 해요.

1983년 타지마할은 유네스코 세계 문화유산으로 등재되면서, '인도에 있는 무슬림 예술의 보석이자 인류가 보편적으로 감탄할 수 있는 걸작'이라는 평가를 받았어요.

샤 자한은 타지마할이 완성된 직후 공사에 참여했던 모든 사람의 손목을 잘랐다고 해요. 타지마할보다 더 아름다운 궁전을 짓는 것을 원하지 않았기 때문이라고 합니다. 2007년 타지마할은 신(新) 세계 7대 불가사의에 선정되기도 했어요.

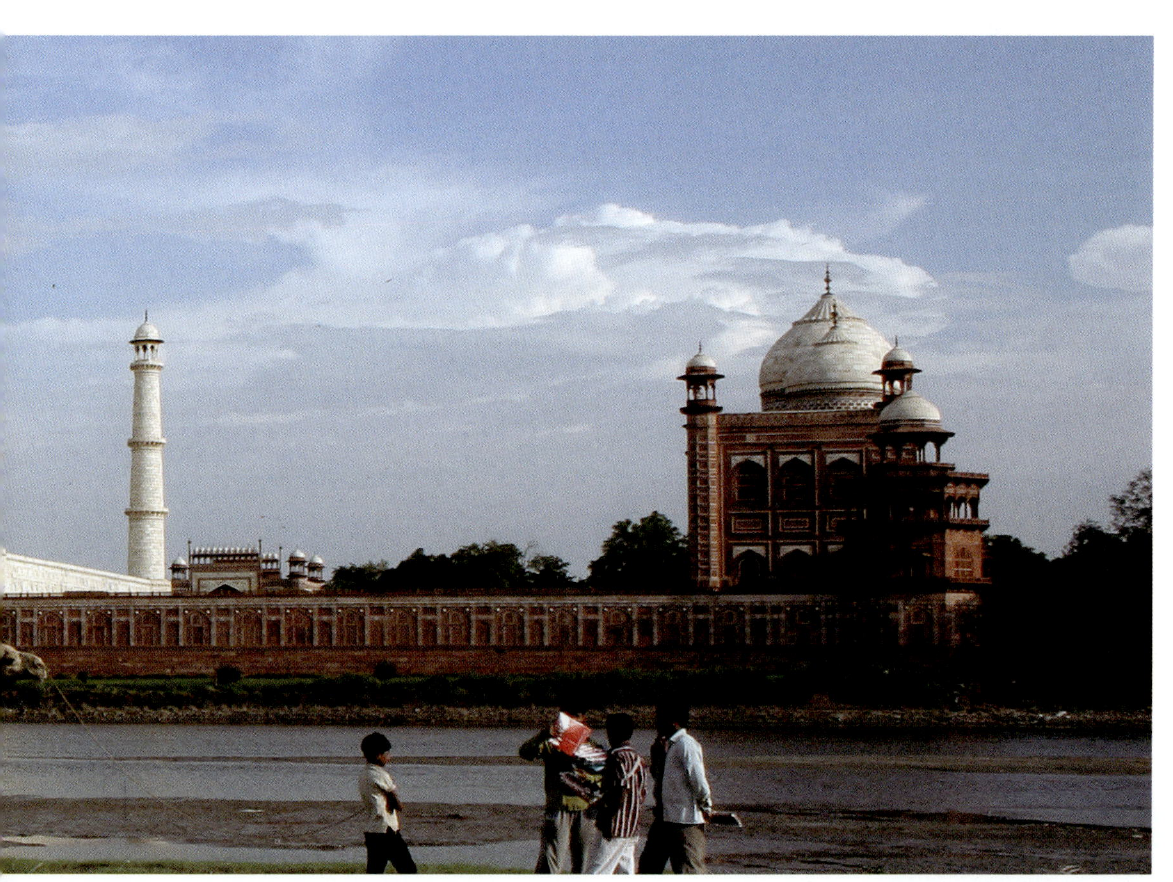

"산이 거기에 있기 때문에 오른다" – 히말라야 산맥

세계에서 가장 높은 산맥은 인도와 다른 아시아 국가들 사이에 걸쳐 있습니다. 이 산맥은 너무나도 유명한 히말라야 산맥이지요. 중국의 티베트와 맞닿아 있는 네팔 북쪽에는 세계에서 가장 높은 에베레스트 산(8,848m)을 비롯해 높이 8,000m가 넘는 산들이 줄지어 있어요.

에베레스트 산은 최초로 고도를 측정한 영국 출신 측량 기술자의 이름을 따서 에베레스트라고 불립니다. 영국의 측량 기술자였던 조지 에베레스트가 그 방법을 밝혀냈기 때문이지요.

에베레스트 산은 아주 오래전에 북쪽으로 이동하던 인도판이 유라시아판과 충돌하면서 경계면이 구겨져 올라간 것이에요. 이를 증명하는 것이 에베레스트 산에서 발견되는 조개 화석이지요. 지금도 히말라야 산맥은 조금씩 높아지고 있답니다.

에베레스트 산 정상은 일 년 내내 눈과 얼음으로 뒤덮여 있습니다. 그동안 많은 사람이 에베레스트 산 정상에 오르고자 했고, 그 과정에서 목숨을 잃은 사람도 많았어요. 그래서 지금도 에베레스트 산에는 얼어붙은 시신들이 많다고 합니다.

세계 최초로 에베레스트 등반에 도전했던 사람은 조지 말로리라

에드먼드 힐러리 동상
(1919~2008년)
뉴질랜드의 등산가로 1953년 에베레스트 산을 최초로 정복했다.

는 영국 산악인이었습니다. 어느 날, 한 사람이 그에게 "산을 오르는 것은 매우 힘들고 어려운 일일 텐데, 왜 그렇게 힘든 등산을 하느냐?"라고 물어보았어요. 그의 대답은 간단했습니다. "산이 거기에 있기 때문에 오른다." 하지만 1924년, 그는 에베레스트 정상을 눈앞에 두고 실종되고 말았어요.

그로부터 30여 년이 흐른 1953년, 뉴질랜드의 등산가 에드먼드 힐러리가 에베레스트 산을 최초로 정복했어요. 이 공로로 그는 엘리자베스 여왕으로부터 기사 작위를 받고 힐러리 경으로 불리게 되었지요. 그렇다면 우리나라 최초로 에베레스트 산 정상에 오른 사람은 누구일까요? 1977년 9월 15일, 고상돈이라는 산악인이 에베레스트 산 정상에 태극기를 꽂았답니다.

에베레스트 산은 하늘에 아주 가까이 맞닿아 있어서 위로 올라갈수록 공기가 희박해요. 따라서 에베레스트 산을 오르려면 산소통이 꼭 필요하지요. 산소통을 메지 않고 에베레스트 산을 오르려고 했다가는 고산병으로 목숨을 잃을 수도 있어요.

히말라야 산맥의 서쪽 끝에는 카슈미르라고 하는 아름다운 계곡이 있습니다. 이 계곡을 보고 한 시인은 다음과 같이 노래하기도 했어요. "장미가 만발한 카슈미르 계곡을 들어 보지 못한 이 누구인가? 지상에서 이보다 밝은 곳 또 어디 있으랴." 아름다운 호수와 눈 덮인 산봉우리, 그리고 여기저기에 피어난 장미가 어우러진 곳이 바로 카슈미르입니다. 이곳은 에덴의 정원이라 불러도 전혀 손색이 없을 정도지요. 그런데 카슈미르 지방이 과연 아름답기만 할까요? 사실 카슈미르는 지금도 분쟁이 끊이지 않는 위험한 지역이랍니다.

끊이지 않는 카슈미르 분쟁

카슈미르는 히말라야 고산 지대에 있고, 면적은 한반도 크기 정도 됩니다. 히말라야의 아름다운 경관을 자랑하는 곳이지만 지금은 세계에서 가장 위험한 지역으로 손꼽히고 있어요. 이곳은 핵무기를 가진 인도, 파키스탄, 중국, 아프가니스탄이 국경을 마주하는 곳이지요.

카슈미르 분쟁은 대표적인 종교 갈등이면서, 영토를 차지하기 위한 싸움이기도 해요. 1947년 영국이 인도 대륙에서 물러난 이후 인도와 파키스탄으로 독립했지만, 영국이 지배할 당시 싹튼 힌두교와 이슬람교의 갈등은 여전히 남아 있답니다. 인도가 종교 차이로 분리되자 영국 식민지 시대의 후국이었던 곳의 왕들은 인도와 파키스탄 중 어디로 속할지를 결정해야 했어요. 카슈미르의 왕인 하리 싱은 힌두교도였고, 주민 대부분은 무슬림이었지요.

하리 싱은 카슈미르 '독립국'을 꿈꿨지만 주민은 파키스탄에 귀속되기를 주장하며 저항했습니다. 이에 놀란 하리 싱은 인도군에 도움을 요청해 반대파를 축출했어요. 결국 하리 싱은 인도를 선택했고 파키스탄이 개입하면서 인도와 파키스탄 간의 전쟁이 시작되었지요. 1949년 국제 연합의 조정으로 인도 관할 잠무카슈미르와 파키스탄 관할 아자드카슈미르로 나누어졌어요. 중국이 분쟁에 끼어들어 '악사이 친'을 자국 영토로 편입하면서 카슈미르는 3개국에 분할되었지요.

여기서 분쟁이 끝난 것은 아니었어요. 1980년대 후반 이후 잠무카슈미르 내에서 무슬림을 중심으로 한 반군 단체들이 잠무카슈미르주 분리 독립운동에 나섰던 것입니다. 이슬람 세력이 중심이 되어

잠무카슈미르 해방 전선이 결성된 이래 이슬람 무장 세력과 인도 정
부군과의 무력 충돌이 진행 중이에요. 전쟁과 충돌 때문에 지금까지
6만 5,000여 명이 사망한 것으로 알려졌지요.

무엇보다 큰 문제는 인도와 파키스탄이 핵보유국이라는 점이에
요. 그래서 이 지역의 충돌이 몰고 올 파국을 우려한 국제 사회는 촉
각을 곤두세우며 두 나라의 화해를 위해 애쓰고 있지요.

파키스탄은 원래 인도와 한 나라였어요. 파키스탄 사람들이 대부
분 이슬람교를 믿어서 힌두교를 믿는 인도와 다툼이 심했지요. 그래
서 1947년 인도에서 분리 독립한 거예요. 인도 북동쪽에 있는 방글
라데시는 원래 파키스탄의 일부였습니다. 파키스탄은 인도를 사이
에 두고 서파키스탄과 동파키스탄으로 불렸어요. 동파키스탄이 벵
골 족이라는 이유로 차별을 받자 1971년 파키스탄으로부터 독립해
방글라데시를 세웠지요.

카슈미르 계곡
히말라야 산맥 서쪽에 있는 계곡
이다. '에덴의 정원'이라 불려도
손색이 없을 만큼 아름답다.

　　세계에서 인구 밀도가 가장 높은 방글라데시는 아직까지도 가난
에서 벗어나지 못했어요. 이 지역은 5월에서 9월 사이에 홍수가 빈
번하고, 사이클론의 영향으로 매년 경작지의 60%가 침수됩니다.

인구 증가로 고민하는 인도

인도 인구는 12억 명을 넘어섰습니다. 인도에서는 평균적으로 1분
에 29명, 하루로 치면 4만 2,000명이 태어나고 있어요. 이렇게 가다
가는 2040년이 되면 인도가 중국을 제치고 세계 최대의 인구 대국이
될지도 모릅니다.

　　인도 인구가 폭발적으로 늘어나는 이유는 무엇일까요? 바로 남아
선호 사상 때문이에요. 인구 증가를 걱정한 인도 정부는 '한 자녀 낳
기 운동'을 열심히 추진하고 있습니다. 하지만 남아 선호 사상이 뿌
리 깊은 인도에서는 이 운동이 잘 이루어지고 있지 않아요. 대부분

빈민가의 아이들
인도의 농촌 대부분은 기계화가
이루어지지 않아 사람이나 동물
의 힘으로 농사를 지을 수밖에 없
다. 그래서 아이를 많이 낳게 된다.

가정에서 최소 두 명의 남자아이를 갖고 싶어 하다 보니 적어도 서너 명의 아이를 낳는 것이 보통입니다. 그리고 종교적으로 낙태를 금지하고 있어 인구가 자연히 늘어나게 되지요.

인도에서 인구 문제가 특히 심각한 곳은 농촌과 도시 빈민 지역이에요. 농촌 대부분은 기계화가 이루어지지 않아 사람이나 동물의 힘으로 농사를 지을 수밖에 없다 보니 아이를 많이 낳게 되지요.

그나마 인도는 1991년 경제 개방 정책을 채택하고 나서 대도시를 중심으로 서구화, 핵가족화가 이루어져 많은 자녀를 선호하지 않는 의식이 생겨나고 있습니다. 인구 억제 정책과 새로운 의식 변화가 잘 이루어진다면 좋은 결과가 나타날지도 몰라요.

인도의 실리콘 밸리, 인도의 할리우드

인도인 대부분은 농업에 종사하지만, 정보 기술(IT) 산업 분야만큼은 예외입니다. 21세기에 떠오르고 있는 IT 산업 발전의 주역으로 인도가 주목받고 있어요. 2010년 기준으로 인도 IT 산업은 세계 IT 서비스 시장의 약 20%를 차지하고 있습니다. 미국 다음가는 세계 2위의 IT 강국이지요.

인도 IT 업계의 인재들은 이미 세계적으로 잘 알려졌어요. 미국 IT 기업의 산실인 실리콘 밸리의 약 30%를 인도인이 차지하고 있습니다. 이들이 인도로 돌아가 인도의 실리콘 밸리인 방갈로르에서 새로운 사업을 활발하게 벌이고 있지요. 전 세계 500대 기업 중 약 20%가 인도에 연구개발센터를 두고 있어요. 이 개발 단지 안에는 아이비엠(IBM)사, 마이크로소프트사, 모토롤라사, 제너럴 일렉트릭

인도 거리의 영화 포스터
최근 인도에서는 '볼리우드 붐'이
한창이다. 인도 도시의 거리마다
볼리우드의 최신 영화 포스터가
넘쳐난다.

사 등 세계 유수의 다국적 기업들이 진출해 있지요.

그렇다면 인도의 IT 산업이 발전한 이유는 무엇일까요? 무엇보다도 첨단 과학 기술과 풍부한 인적자원이 있기 때문이에요. 이들이 영어를 능숙하게 구사한다는 점도 큰 장점이지요.

인도의 최대 도시인 뭄바이는 인도의 할리우드라 할 수 있는 '볼리우드(Bollywood)'의 도시로 발전하고 있어요. '볼리우드'에서 '볼리'는 뭄바이의 옛 이름인 붐베이를 가리키는 말이고, '우드'는 미국의 할리우드에서 따온 것이지요. 볼리우드는 바로 인도의 영화 산업을 일컫는 말입니다. 인도 도시의 거리마다 볼리우드의 최신 영화 포스터가 즐비해 있어요. 우리나라에서도 '내 이름은 칸', '세 얼간이' 등의 인도 영화가 흥행 수익을 올렸지요. 최근 들어 인도 영화 자본은 할리우드의 큰손으로 떠오르고 있습니다. 미국 30여 개 도시에 250개가 넘는 극장을 사들일 정도라고 해요.

불교가 탄생한 인도에 불교도가 적은 이유는 무엇일까요?

12억 명이 넘는 인도인 중 불교를 믿는 사람은 고작 1% 정도밖에 되지 않습니다. 오히려 인도차이나 반도와 중국, 우리나라, 일본 등지에 더 많은 불교도들이 있지요. 불교가 탄생한 곳에서 뿌리내리지 못한 이유는 8세기경부터 인도에 침입한 이슬람 세력 때문이라고 할 수 있어요. 그러나 더 근본적인 이유는 불교가 종교로서의 역할을 제대로 수행하지 못한 데 있습니다. 불교에서는 '누구나 신분 차별 없이 평등하고 행복해질 수 있다'고 주장해요. 이것은 인도에 뿌리내리고 있던 차별적인 신분제인 카스트에 정면으로 맞서는 것이었기 때문에 하층민들의 열렬한 지지를 받았습니다. 그러나 불교는 점차 일반 대중으로부터 멀어지게 되었어요. 인도인들은 민간 신앙으로 행해지던 일상생활의 의례나 제사를 계속하기를 바랐고, 힘든 현실에서 자신을 구원해 줄 무엇인가를 원했지만 불교가 이를 해결해 주지 못했거든요. 불교가 점점 힌두교에 융합되어 가는 와중에 인도를 침략한 이슬람 세력은 불교 쇠락을 부채질하는 결과를 낳았어요. 그리고 13세기 초 인도가 무슬림들에게 정복된 것을 계기로 인도에서 불교는 거의 자취를 감추고 말았답니다.